Animaux des Mascareignes

Les poissons des récifs coralliens

Patrick Durville
Sonia Ribes-Beaudemoulin

Illustrations et photographies
Alain Diringer

Océan Éditions
305 rue de la Communauté
97440 Saint-André
Ile de La Réunion

Les auteurs

Patrick Durville est docteur en biologie marine. Spécialisé dans l'étude des poissons coralliens, il crée l'Aquarium de La Réunion en 2000 et en devient le responsable scientifique. Parallèlement, il poursuit ses travaux de recherches en participant à plusieurs campagnes océanographiques sur les récifs de l'océan Indien. Ce qui l'amène à approfondir ses connaissances sur l'éthologie des poissons. Impliqué dans divers secteurs de l'environnement marin à La Réunion, il est régulièrement sollicité en tant qu'expert lors des prises de décisions.

Sonia Ribes-Beaudemoulin est docteur en océanographie biologique.
Conservateur du Muséum d'Histoire Naturelle de La Réunion,
elle a réalisé de nombreuses expositions sur la richesse du monde marin.
Présidente du Conseil scientifique du Parc Marin, elle est très impliquée
dans la sauvegarde des récifs coralliens de La Réunion.

Le photographe

Alain Duringer est dans l'eau depuis toujours, c'est à partir de sa collection de photos sous-marines ainsi que de ses dessins et aquarelles qu' il transmet sa passion et son expérience du monde marin.
Arrivé à La Réunion en 1977, il s'est passionné pour cette île et ses voisines.
Les plongées dans l'océan Indien lui ont permis de compléter ses connaissances des milieux récifaux.
S'intéressant plus particulièrement aux poissons, il a participé à l'illustration de livres et de posters.

Les îles Mascareignes

Volcans émergés dans l'océan Indien, il y a quelques millions d'années, les îles de La Réunion, Maurice et Rodrigues forment l'archipel des Mascareignes.

L'île de La Réunion est la plus grande (2500 km²) et la plus haute (le plus haut sommet, le Piton des Neiges culmine à 3069 m), avec un volcan toujours actif, le Piton de la Fournaise.
Les reliefs sont marqués avec des falaises abruptes entaillées de profondes ravines creusées par l'érosion, formant un ensemble de trois cirques, Cilaos, Mafate et Salazie. 30% des milieux naturels y sont encore préservés.

L'île Maurice la plus âgée des trois îles (8 millions d'années), est constituée d'une petite plaine côtière s'élevant vers des montagnes discontinues, très érodées, encerclant un plateau central. Le point le plus élevé, le Piton de la Rivière noire, culmine à 828 m dans le sud-ouest.
L'île, d'une superficie de 1865 km², est presque entièrement encerclée de récifs coralliens, avec de nombreux îlots. Moins de 3% des milieux originaux ont perduré.

L'île Rodrigues est la plus petite (104 km²) et la plus isolée. Montagneuse avec une chaîne centrale qui culmine au Mont Limont (393 m), l'île est enserrée par un important récif corallien avec 18 îlots. Les forêts, depuis longtemps disparues, ont été remplacées par des pâturages qui dominent le paysage de l'île.

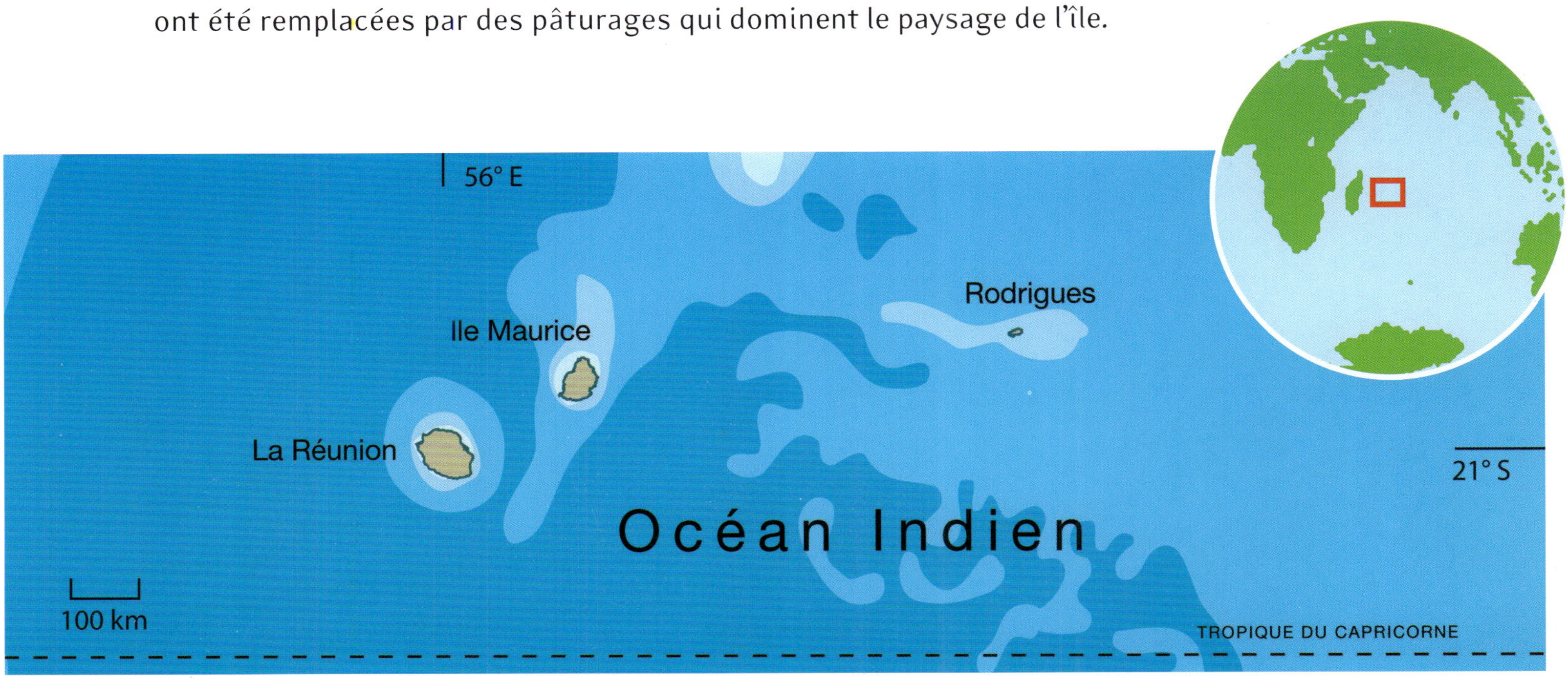

Sommai

r e

Le monde des poissons

La vie est apparue dans la mer il y a près de 4 milliards d'années et elle s'est très vite diversifiée dans un unique océan : la Panthalassa. Les premiers poissons se sont développés rapidement à partir d'une période appelée le Dévonien, vers 500 millions d'années. Depuis, ce grand groupe de vertébrés aquatiques a évolué au fil des évènements climatiques et géologiques et s'est enrichi de nombreuses espèces. Ils se sont appropriés l'espace immense dans lequel ils vivent, depuis la pleine mer jusqu'aux franges littorales, mais aussi depuis la surface jusqu'aux plus grandes profondeurs sous-marines. Ils ont colonisé un grand nombre de niches écologiques et se sont diversifiés et adaptés en fonction de leurs besoins et de leur place dans l'écosystème. On y trouve des lilliputiens et des géants, des patauds et des bolides, des craintifs et des audacieux. Toutes les formes et toutes les couleurs sont permises, du moment qu'elles permettent la survie de l'espèce.

Des poissons étonnants

Différents de ceux que nous connaissons aujourd'hui, les premiers poissons possédaient des appendices étranges : plaques, cuirasses ou boucliers. Les derniers représentants se sont éteints il y a 360 millions d'années.

Autrefois regroupés dans une même classe, les poissons appartiennent en fait à des groupes qui ont chacun une histoire évolutive différente, commencée il y a plus de 400 millions d'années. Alors que la vie s'installe sur la terre ferme, sous forme de quelques algues, mousses, fougères et insectes, la plus grande partie des espèces reste inféodée aux océans. Les poissons osseux font alors leur apparition, se multiplient et se diversifient. Au fil de l'évolution, certaines espèces s'éteignent tandis que d'autres apparaissent.

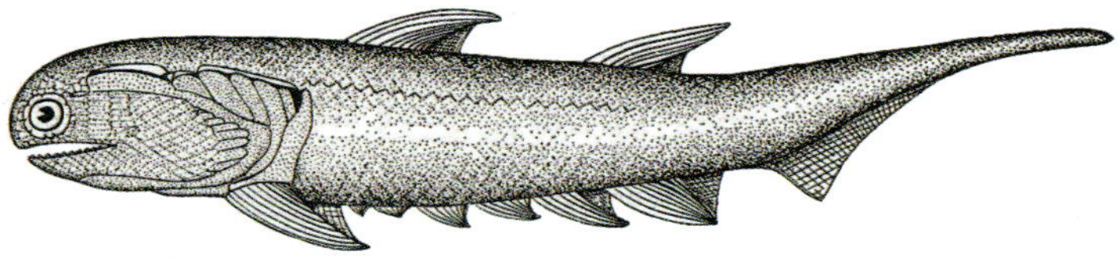

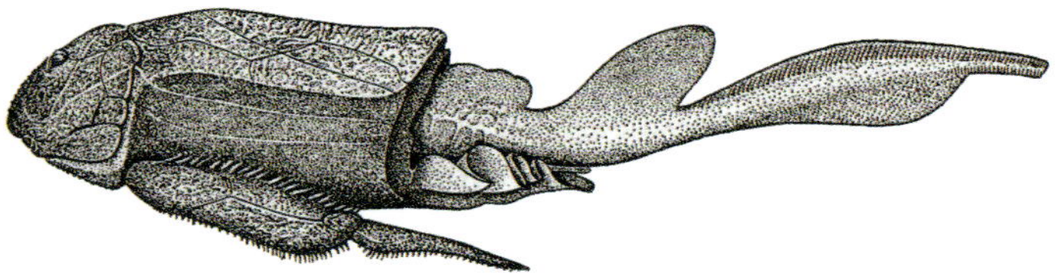

Une longue

Un prédateur de 3 mètres !

L'arthrodire était un féroce prédateur pouvant atteindre une taille de 3 mètres. Il possédait une sorte de bec puissant, comparable à celui des calmars géants actuels.

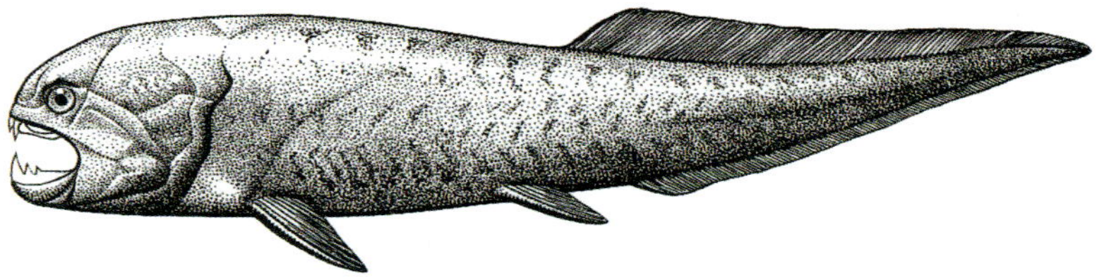

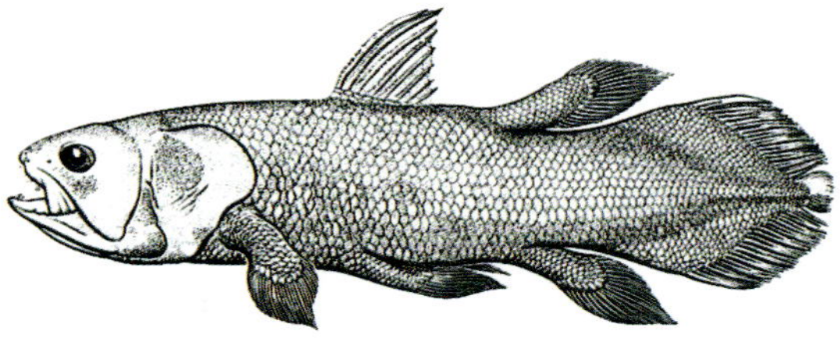

Le cœlacanthe, un poisson ?

Malgré son allure, le cœlacanthe est anatomiquement, plus proche des grenouilles, des oiseaux et des mammifères que des « vrais » poissons. Connu jusqu'alors sous forme de fossile par les scientifiques, le cœlacanthe fut retrouvé vivant en 1938. Il est très similaire à son homologue de l'Ère Primaire. Il est pêché depuis toujours dans tout le canal du Mozambique par les pêcheurs Comoriens qui le nomment « gombessa ». Une espèce voisine a été récemment capturée en Indonésie.

Ils ont laissé des traces

Empreinte laissée par le corps de l'animal à sa mort, dent ou squelette pris dans une gangue, les fossiles sont les témoignages de la vie passée. Ils ont une importance capitale dans la reconstruction des arbres de parenté.

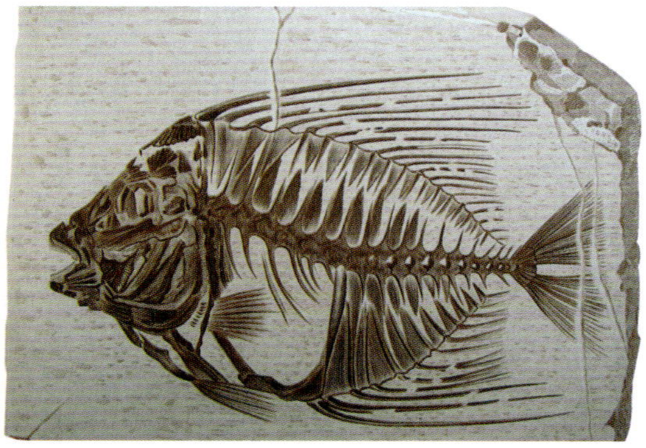

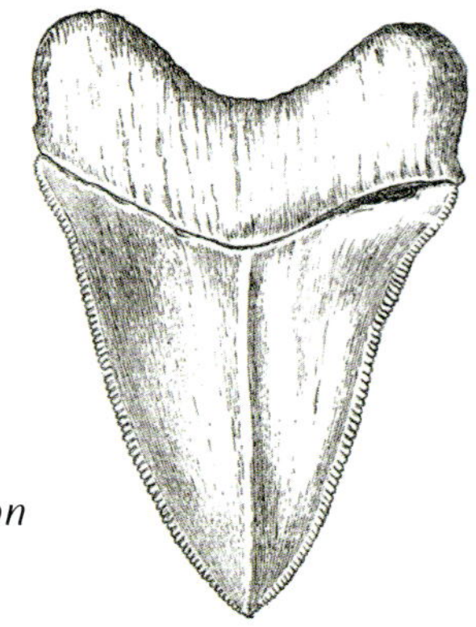

Dent de requin géant
Carcharodon megalodon
(10 cm)

Elles défient le temps

Le cartilage des Chondrichthyens est mou, sèche à l'air libre et se dégrade facilement. C'est pour cette raison que les fossiles de raies ou de requins sont si rares. En revanche, les dents, extraordinairement dures, sont conservées parfois pendant des millions d'années et restent les uniques témoignages de certaines espèces.

Une multitude d'espèces
En 400 millions d'années, les « vrais » poissons (Actinoptérygiens) se sont diversifiés. Avec plus de 25 000 espèces recensées actuellement, ils représentent la moitié des vertébrés actuels connus.

histoire

Mettre de l'ordre dans le vivant
Les scientifiques ont identifié, décrit et inventorié les êtres vivants. Pour rendre compte de la diversité et de la complexité de la nature, ils les ont classés. La science des classifications est la systématique ou taxinomie. Les biologistes spécialistes des poissons, les ichtyologues, ont d'abord catalogué les poissons en classes, ordres, familles, genres et espèces en fonction de critères morphologiques, anatomiques et, depuis peu, génétiques ou moléculaires. Aujourd'hui les espèces sont regroupées suivant leur parenté évolutive. La nouvelle classification reflète la succession des ramifications de l'arbre unique du vivant.

Carl Linnaeus-Linné (1707-1778)
Pour les zoologistes, la taxinomie scientifique a commencé en 1758 avec la publication de la dixième édition du *Systema Naturae* par Linné.

Georges Cuvier (1769-1832)
Père de la paléontologie et de la classification moderne des animaux, on doit à Cuvier (et à Valenciennes) une importante *Histoire naturelle des poissons*, publié en 1828.

Chirurgien strié *Ctenochaetus striatus*, décrit par Cuvier et Valenciennes comme *Acanthurus ctenodon.*

Tamarin, bourrique ou boparter...
Chaque pays, chaque région, voire chaque localité, donne aux poissons un nom particulier. Pour s'y retrouver, on les désigne par leur nom scientifique qui est universel.
Le tamarin à bandes noires par exemple est nommé *Hemigymnus fasciatus*. *Hemigymnus* est le nom de genre et *fasciatus* le nom d'espèce ; noms latins toujours écrits en italique. Il appartient à la famille des Labridae.

Les poissons et

Depuis des millénaires, les coraux construisent des édifices monumentaux riches en espèces de toutes sortes. Les poissons sont sans aucun doute les joyaux de cette vie foisonnante. Certaines espèces récifales sont distribuées tout autour de la planète dans la ceinture tropicale, alors que d'autres sont parfois inféodées à une région restreinte. D'où viennent-elles ? Comment colonisent-elles des milieux vierges en plein océan ? Cela reste encore un mystère pour les scientifiques qui commencent seulement à comprendre la répartition des poissons.

Poissons récifaux, poissons coralliens

Les poissons des récifs ne sont pas tous liés étroitement aux coraux. Les poissons-cerfs-volants (1) vivent par exemple dans les estuaires ou les mangroves adjacentes.
On parle alors de poissons récifaux, par opposition aux poissons coralliens *stricto sensu* comme les poissons-papillons (2).

(1) Cerf-volant argenté
Monodactylus argenteus

(2) Poisson-papillon brun
Chaetodon blackburni

Quelques familles propres aux récifs coralliens

Si les poissons qui vivent sur les récifs coralliens appartiennent à des familles qui ont des représentants dans toutes les mers du monde, certaines familles n'existent pratiquement que sur les récifs coralliens.

Acanthuridae
(poissons-chirurgiens)
Acanthurus leucosternon

Chaetodontidae
(poissons-papillons)
Chaetodon xanthocephalus

Pomacanthidae
(poissons-anges)
Apolemichthys trimaculatus

Balistidae
(balistes)
Pseudobalistes fuscus

Ostraciidae
(poissons-coffres)
Lactoria fornasinii

Diodontidae
(poissons-porc-épic)
Diodon liturosus

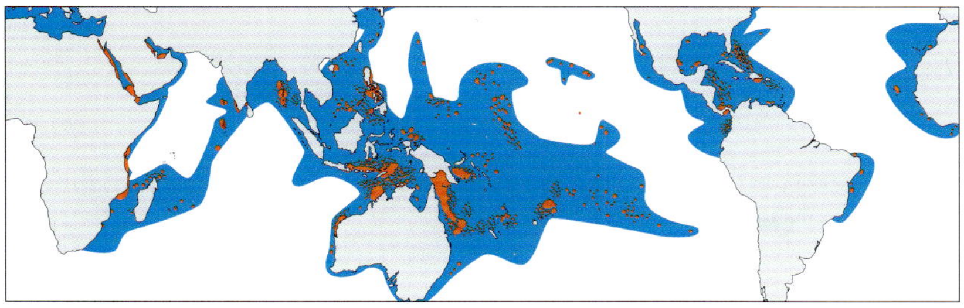

Une ceinture intertropicale

Les poissons récifaux sont liés à l'existence des récifs coralliens présents dans la ceinture intertropicale et inégalement répartis.
En effet, il existe très peu de formations coralliennes à l'est du Pacifique et encore moins à l'est de l'Atlantique. La faune corallienne s'est donc surtout diversifiée, développée et répandue dans deux régions du monde : l'Indo-Pacifique et l'Atlantique Ouest.

Les poissons récifaux dans le monde

Bien que ce nombre soit probablement de moitié sous-estimé, les dernières études montrent qu'il existerait 3500 à 4000 espèces de poissons récifaux dans le monde.

Un centre de dispersion

La diversité la plus importante se trouve dans toute la région indonésienne qui est souvent reconnue comme étant le centre de dispersion d'une part, vers l'est dans l'océan Pacifique et d'autre part, vers l'ouest dans l'océan Indien. On y trouve en effet près de 3000 espèces de poissons récifaux, mais à mesure que l'on s'éloigne de part et d'autre de cette zone, la richesse diminue. En comparaison, en Atlantique, ce sont 700 à 800 espèces qui fréquentent les récifs coralliens. Dans les Mascareignes, 600 à 700 espèces ont été dénombrées.

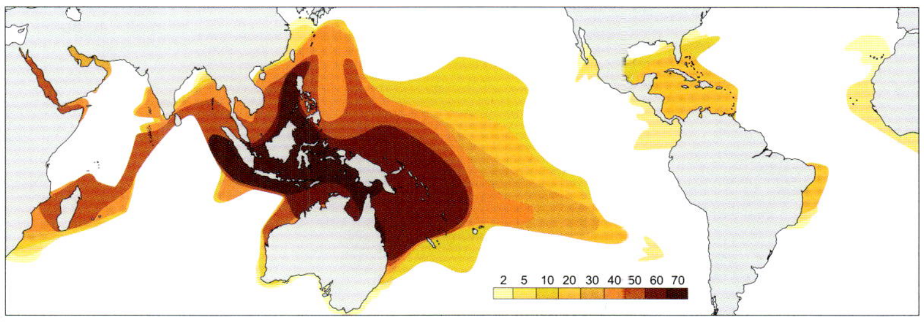

les récifs coralliens

Un mérou cosmopolite

On trouve le mérou céleste *Cephalopholis argus* dans tout l'Indo-Pacifique, depuis la mer Rouge jusqu'en Nouvelle-Calédonie.

Une ressemblance frappante

Certaines espèces se ressemblent comme deux gouttes d'eau et seuls les spécialistes peuvent les distinguer. C'est le cas du poisson-lion *Pterois miles* (1) qui existe dans l'océan Indien et de son homologue le laffe-volant *Pterois volitans* (2) du Pacifique.

(1)

(2)

Un poisson-clown endémique

Le poisson-clown des îles Mascareignes *Amphiprion chrysogaster* est présent uniquement à La Réunion, à l'île Maurice et à Rodrigues. L'endémisme est très faible chez les poissons des récifs. Ceci est probablement dû au mode de dispersion des larves en pleine mer qui permet aux différentes espèces de coloniser sans cesse de nouveaux milieux. Le taux d'endémisme dépend en fait de l'isolement géographique des îles coralliennes.

La colonisation des espèces

Quelques espèces, comme la demoiselle jaune *Pomacentrus sulfureus*, sont très abondantes à Maurice ou à Rodrigues, mais quasi absentes de l'île de La Réunion. Est-ce que le milieu ne leur convient pas ? Ou est-ce que la colonisation de cette île jeune n'est pas encore achevée ?

Une aire de répartition très restreinte

Le chirurgien à bandes noires *Acanthurus polyzona*, proche du chirurgien bagnard *Acanthurus triostegus* très courant dans tout l'océan Indien, n'existe qu'à La Réunion où il forme des bancs très importants dans les zones d'arrière récif.

Qu’est-ce qu’un

Beaucoup de gens sont fascinés par la vie aquatique luxuriante des récifs coralliens, notamment par les nombreux poissons qu’ils abritent. Mais tout ce qui nage et qui vit dans l’eau ne fait pas forcément partie des poissons. Les seiches et les calmars, souvent apparentés à ces derniers, sont des mollusques. Même les dauphins, qui sont des mammifères, sont quelquefois pris pour des poissons par les profanes. En fait, ce n’est pas si simple, car il y a aussi des poissons qui ressemblent à d’autres animaux comme les murènes qui peuvent être confondues avec des serpents, qui eux, sont des reptiles…

Un squelette cartilagineux ou osseux

Les poissons possèdent un squelette interne cartilagineux chez les Chondrichthyens ((1) raies et requins) et osseux chez les Osteichthyens ((2) poissons classiques).

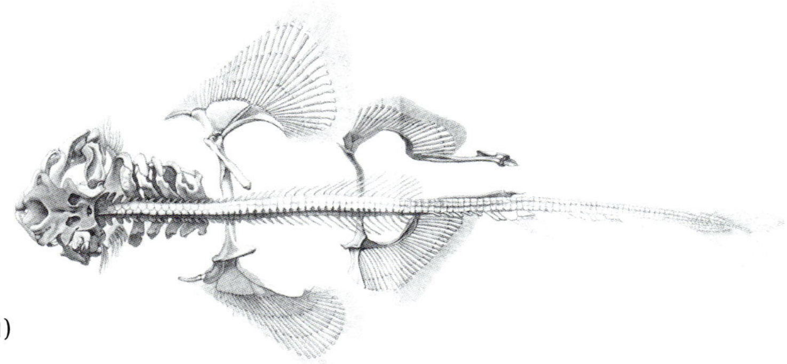

(1)

(2)

Symétrique ou dissymétrique ?

Les requins sont dotés d’une colonne vertébrale qui se prolonge jusque dans la nageoire caudale formant ainsi une queue dissymétrique caractéristique, encore appelée hétérocerque. Chez les poissons osseux, la colonne vertébrale s’arrête en avant de la nageoire caudale qui est alors formée de rayons épineux plus ou moins symétriques. C’est une queue homocerque.

Requin bouledogue
Carcharhinus leucas

Lethrinus bleuté
Lethrinus nebulosus

Ils flottent !

Les poissons osseux sont souvent dotés d’un diverticule du tube digestif, la vessie natatoire. C’est une sorte de poumon primitif rempli de gaz (4 à 6 % du volume corporel), qui permet au poisson de s’équilibrer et de se sustenter dans l’eau sans être obligé de nager. Ceux qui vivent posés au fond comme les gobies ou les rascasses en sont dépourvus. Les requins qui ne possèdent pas de vessie natatoire compensent ce manque de flottabilité par un foie de grande taille riche en huile.

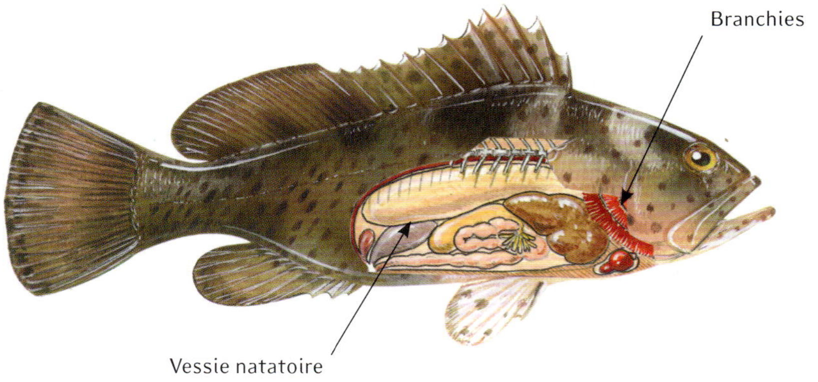

Respirer dans l’eau

Pour capter l’oxygène de l’eau et rejeter le gaz carbonique, les poissons sont dotés de branchies composées de filaments branchiaux et de milliers de lamelles permettant une surface d’absorption de plus de dix fois celle du corps de l’animal. L’eau est ainsi régulièrement aspirée par la bouche et rejetée par les ouies. Ce système doit être des plus performants, car l’eau contient 30 fois moins d’oxygène que l’air.

Lorsque les poissons profonds, comme ce mérou longues épines *Epinephelus longispinnis*, remontent en surface rapidement, leur vessie natatoire se gonfle et devient visible dans leur gueule.

Des animaux à sang froid

Mis à part les thons et certains requins qui arrivent à réguler leur température interne de quelques degrés, les poissons sont des animaux à sang froid, c'est-à-dire que la température de leur corps est la même que celle du milieu environnant. On dit qu'ils sont hétérothermes alors que les mammifères sont homéothermes (même température).

Thon jaune
Thunnus albacares

poisson ?

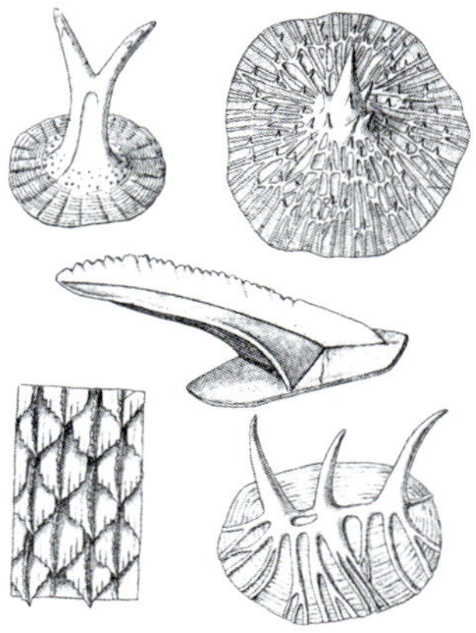

Écailles et âge des poissons

La plupart des poissons sont recouverts d'écailles qui leur servent de protection.
Elles présentent souvent des stries de croissance, un peu à la manière des cercles que l'on observe sur une coupe de bois. Leur étude s'appelle la scalimétrie. Elle permet notamment de déterminer avec une certaine précision l'âge des poissons.

Pêcheur des Sargasses
Histrio histrio

Une peau lisse

Certaines espèces sont dépourvues d'écailles et se protègent donc en ayant une peau très épaisse, comme les murènes, les antennaires (ill.) ou les poissons-pierres.

Bryaninops youngei
sur antipathaire.

Du plus petit...

Certains poissons de récifs sont minuscules. Ils ne dépassent pas quelques centimètres, même à l'âge adulte. Ils vivent en symbiose avec des gorgones, des oursins, des crinoïdes et autres animaux du récif. On connaît très peu de choses sur ces poissons nains, difficiles à voir, dont beaucoup d'espèces restent, probablement, encore à découvrir.

... au plus grand.

On trouve aussi sur les récifs coralliens les plus grands poissons du monde, comme le requin-baleine *Rhincodon typus* qui peut atteindre une quinzaine de mètres ou la raie manta *Manta birostris* d'une envergure de 3 à 5 m. Ce sont des géants placides et débonnaires qui se nourrissent des petits animaux du plancton.

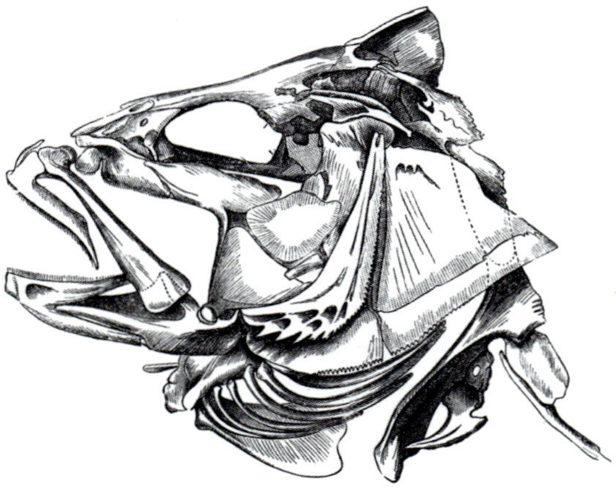

Entendre les bruits du récif

Hé oui ! Les poissons ont des oreilles. Ce sont des oreilles internes, situées dans de petites cavités du crâne. Elles leur permettent de s'équilibrer et de capter les sons de haute fréquence, c'est-à-dire les sons aigus. Chez certains, ces oreilles internes sont reliées à la vessie natatoire, qui fonctionne alors comme une caisse de résonance et amplifie les sons, ce qui les rend très sensibles au bruit.

Les poissons, comme nous, possèdent cinq sens : la vue, l'ouïe, le toucher, l'odorat et le goût. Mais beaucoup ont également développé d'autres organes très performants leur permettant de mieux appréhender le milieu qui les entoure. Ils sont capables de ressentir les vibrations transmises par l'eau, de détecter les champs électriques les plus faibles ou de s'orienter parfaitement grâce au champ magnétique terrestre.

Comment perçoivent-ils

Capter les vibrations

Les poissons possèdent un système, original et unique chez les Vertébrés, qui leur permet de capter les vibrations transmises par l'eau et de ressentir les sons de basse fréquence, c'est-à-dire les sons graves. La ligne latérale est composée de multiples petits tubes munis de cils sensoriels, qui s'ouvrent par une série de pores creusés dans les écailles.

Ligne latérale du bancloche
Decapterus macarellus

Goûter les aliments

Le goût des aliments est capté par des organes sensoriels riches en terminaisons nerveuses.

Les barbillons du rouget barbet *Parupeneus trifasciatus* lui servent à détecter les proies dans les sédiments.

Les poissons-chats *Plotosus lineatus* possèdent des organes sensoriels sur tout le corps.

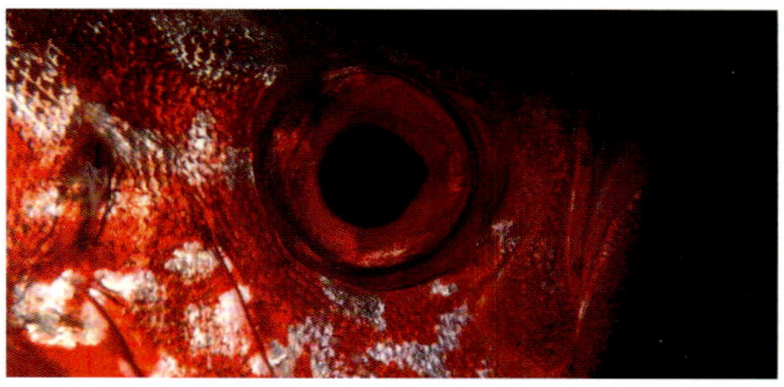

Voir pendant la nuit

Contrairement à d'autres animaux du récif qui ont une vision limitée, les poissons possèdent sur leur rétine des cellules en cônes leur permettant de percevoir les formes et des cellules en bâtonnets pour voir les couleurs. Ils sont cependant en majorité myopes.
Les espèces nocturnes comme les poissons-écureuils ou les priacanthes *Priacanthus hamrur* ont de grands yeux pour mieux capter la faible lumière de la nuit, mais ils sont pratiquement aveugles durant la journée.

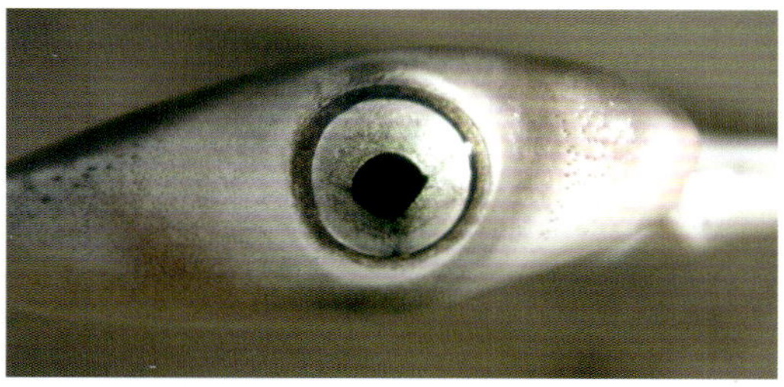

Repérer ses proies

Riche en bâtonnets, l'œil du requin offre une bonne vision dans un monde de faible luminosité. Sous la rétine, un tapis de plaques réfléchissantes, le *lapetum lucidum*, agit comme un jeu de miroirs à l'intérieur de l'œil, augmentant ainsi l'acuité visuelle du prédateur.

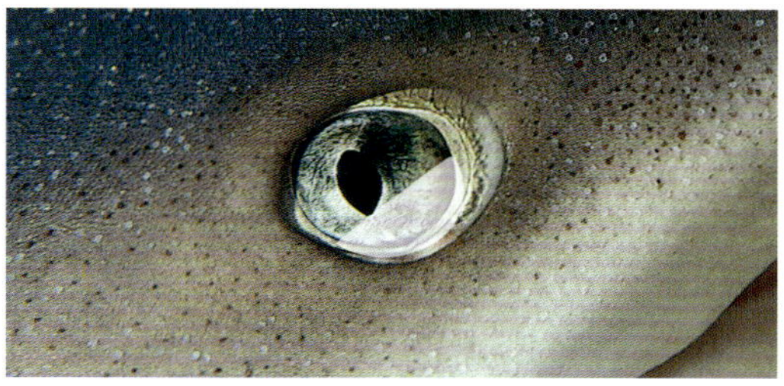

Fermer les paupières

Certains grands requins, comme le requin tigre ou le requin bouledogue, utilisent des sortes de paupières pour se protéger les yeux.
Ils ferment ces membranes nictitantes, notamment lorsqu'ils mordent leurs proies.

leur environnement ?

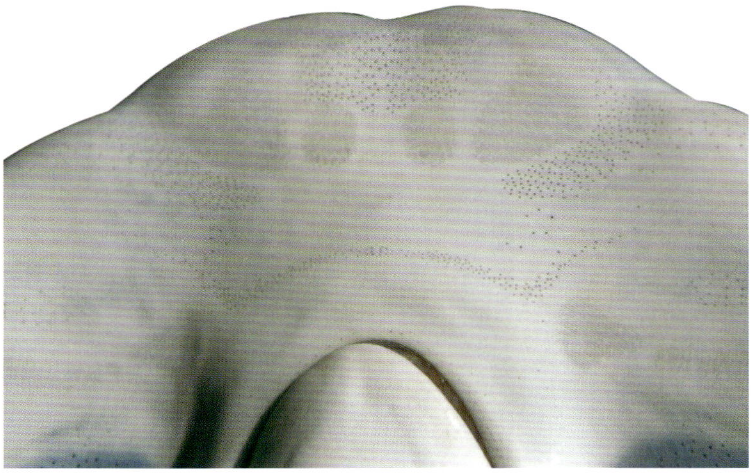

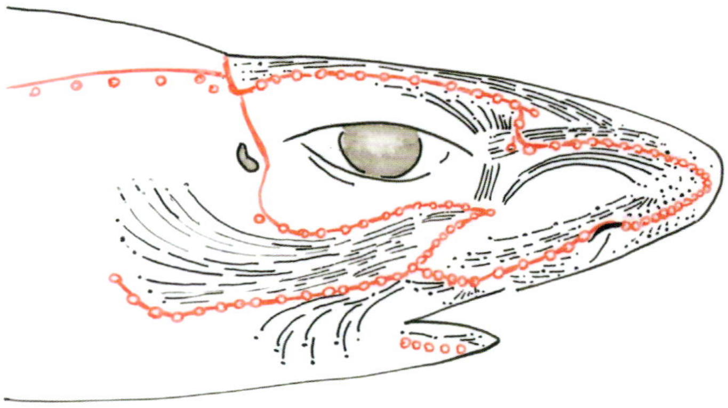

Percevoir les champs électriques

Les poissons cartilagineux comme les raies et les requins, mais aussi certains poissons osseux comme les poissons-chats, possèdent des organes (les ampoules de Lorenzini) capables de détecter les faibles champs électriques produits par les animaux. Ils peuvent ainsi trouver leurs proies dans une eau très trouble, ou lorsqu'elles sont cachées sous le sable.

Sentir du bout du nez

Les odeurs diffusent beaucoup plus lentement dans l'eau que dans l'air et les organes de détection doivent donc être très performants pour pouvoir analyser la moindre molécule dispersée dans la masse d'eau.
L'odorat est primordial chez les requins (ici une émissole) ou les murènes qui détectent, avant tout, leurs proies à l'odeur.
Chez la plupart des murènes, et en particulier chez cette murène ruban *Rhinomuraena quaesita*, il existe même des pavillons orientables au niveau des narines qui agissent comme des déflecteurs favorisant la localisation précise de la source.

Parés pour la

Les poissons utilisent leurs nageoires et les ondulations de leur corps pour se déplacer. C'est surtout la queue ou nageoire caudale, qui est le principal organe de propulsion, en particulier pour les déplacements rapides, dans des situations d'attaque ou de fuite. Le reste du temps, les poissons utilisent les autres nageoires pour se stabiliser, rester en sustentation ou manœuvrer agilement au milieu des coraux.

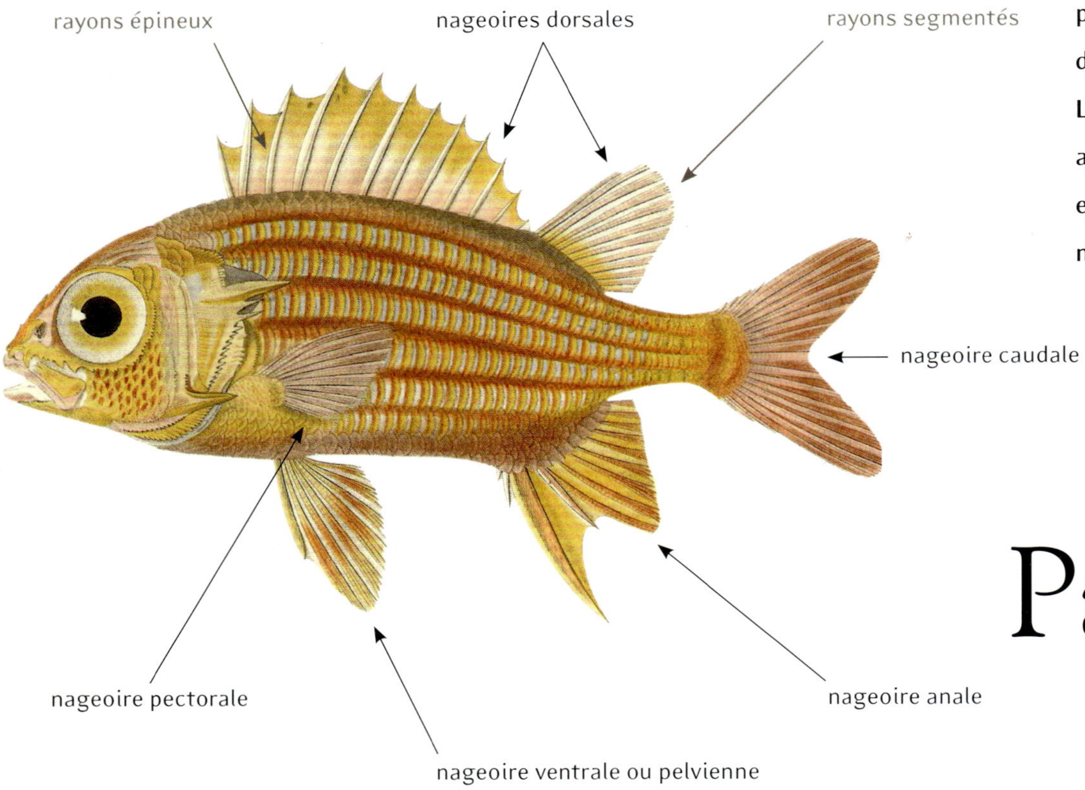

Chacun son rythme

Beaucoup de poissons de récifs sont de piètres nageurs, comme les poissons-ballons, les poissons-coffres ou les rascasses. Ils sont souvent reconnaissables à leur corps massif et à leur nageoire caudale courte et large. En revanche, certains poissons de pleine eau sont de remarquables bolides aquatiques. Les carangues ou les thazards, par exemple, atteignent des vitesses de pointe de 40 à 50 km/h. Leur nageoire caudale est très rigide, étroite et fourchue. Elle est souvent munie de carènes qui procurent une plus grande stabilité et réduisent la résistance de l'eau au voisinage du corps.

Poisson-ballon griffonné
Arothron mappa

Poisson-coffre jaune
Ostracion cubicus

Rascasse diable
Pterois antennata

Carangue pailletée
Carangoides fulvoguttatus

Carangue lugubre
Caranx lugubris

Thazard rayé
Scomberomorus commerson

Antennaire géant
Antennarius commersonii

Marcher sur les mains

Les antennaires utilisent leurs nageoires pectorales comme de véritables mains pour s'agripper et avancer lentement sur les rochers.

Des nageoires en ruban

Chez les murènes et les congres, les nageoires forment un ruban continu depuis l'arrière de la tête jusqu'à l'anus. Pour se déplacer, ils ondulent de tout leur corps à la manière d'un serpent, ce qui leur permet de nager aussi en arrière en inversant les mouvements.

Murène étoilée
Echidna nebulosa

manœuvre !

Toujours tout droit

La plupart des poissons coralliens sont capables de s'arrêter devant un obstacle, voire de faire marche arrière sur une courte distance en utilisant leurs nageoires pectorales mobiles, mais pas les requins qui ne peuvent se déplacer qu'en avant à cause de leurs nageoires fixes. En revanche, celles-ci leur procurent une grande stabilité et donc une extrême précision dans leurs attaques.

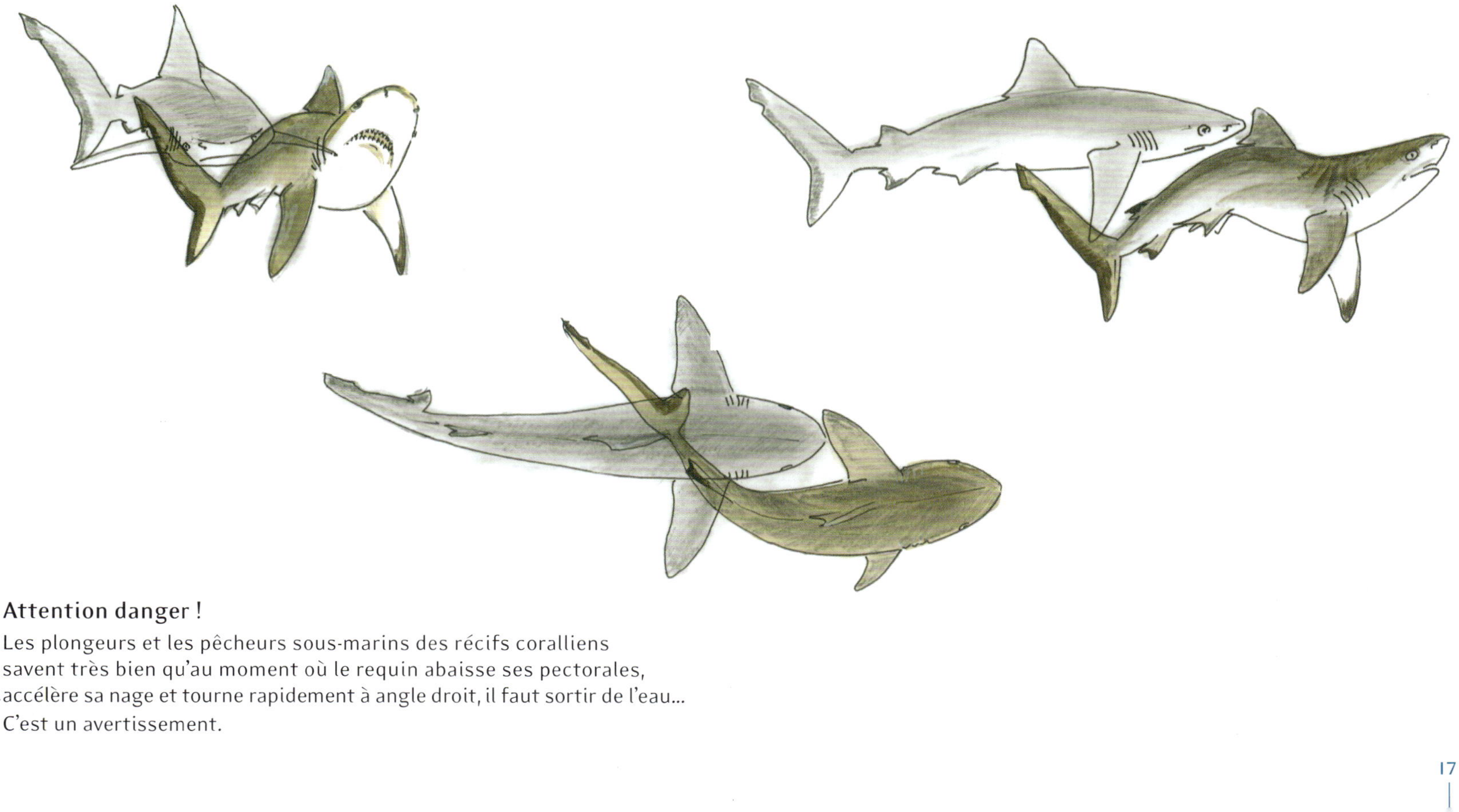

Attention danger !

Les plongeurs et les pêcheurs sous-marins des récifs coralliens savent très bien qu'au moment où le requin abaisse ses pectorales, accélère sa nage et tourne rapidement à angle droit, il faut sortir de l'eau... C'est un avertissement.

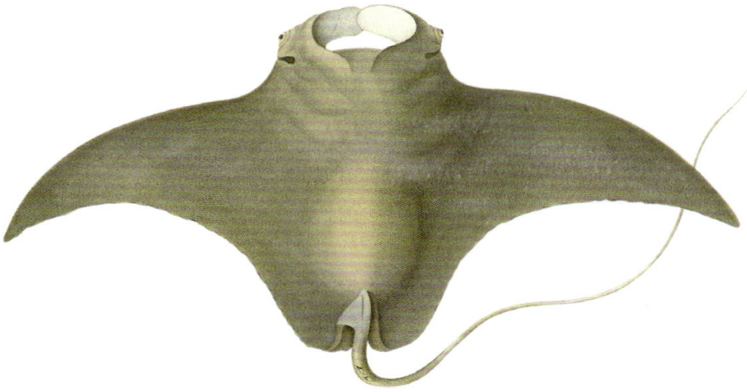

La richesse et la complexité de l'univers corallien ont engendré chez les poissons une multitude de formes : des plus classiques aux plus excentriques. Ces particularités répondent le plus souvent à une adaptation au milieu et au mode de vie de l'animal.

Des poissons de

La tête en bas

Les poissons-fantômes mouchetés *Solenostomus cyanopterus* vivent au milieu des débris coralliens ou sur le sable. Leur corps effilé se termine par une queue en éventail. Ils ont la particularité de nager la tête en bas en quête de petites proies.

Turbot tropical
Bothus mancus

Des poissons plats

Les soles et les turbots sont des poissons plats qui vivent sur les fonds sableux. Les larves, planctoniques, ressemblent en tous points aux autres poissons, mais au cours de leur croissance, elles vont subir une métamorphose.
Un œil va se déplacer vers le sommet de la tête et passer sur l'autre face de l'animal. Le jeune petit poisson plat rejoindra ensuite le fond, face aveugle du côté du sédiment. La face supérieure va alors se pigmenter et se fondre sur le fond.

toutes les formes

Un corps de serpent

Le corps allongé et souple des murènes et des congres les autorise à se faufiler dans les anfractuosités, au plus profond du récif. Certains d'entre eux sont des poissons de grande taille qui peuvent atteindre plus de 2 m de longueur pour un poids de 20 kg, comme la murène léopard *Gymnothorax favagineus*. Dotés d'une force extraordinaire, ces poissons sont capables de déplacer des blocs de coraux à la recherche de pieuvres et de crustacés dont ils sont friands.

À l'endroit comme à l'envers

Les poissons-trompettes *Aulostomus chinensis*, au corps très allongé, se tiennent à l'affût d'une proie, parmi les branches de gorgones. Ils peuvent vivre sans problème à l'endroit comme à l'envers.

Une silhouette brouillée

En plongée il est vraiment difficile de repérer les antennaires, les rascasses et les poissons-pierres, tant ils se confondent dans leur environnement. Un mucus spécial, secrété par les cellules épidermiques, permet même aux algues, aux éponges et autres petits animaux, de se développer sur la peau de l'animal. Le camouflage est alors parfait.

Syngnathe à réseaux
Corythoichthys flavofasciatus

Des poissons-pipes

Ces syngnathes ont un corps en forme de tuyau recouvert de plaques osseuses. Ils rampent et se faufilent discrètement au milieu des algues et des coraux à la recherche de leur nourriture.

Rascasse à filaments
Inimicus filamentosus

Les poissons des mers froides aux couleurs brunes ou vertes sont plutôt ternes et les poissons pélagiques souvent monochromes. En revanche, de nombreux poissons coralliens arborent de magnifiques colorations chatoyantes. Certaines espèces aux mélanges harmonieux, ou psychédéliques, paraissent tout droit sortis de l'imagination d'un génie de la peinture. Cette extraordinaire palette de couleurs, qui pose encore des questions aux chercheurs, n'a sûrement pas été créée uniquement pour le plaisir des plongeurs. Elle semble avoir une profonde signification vitale. Il s'agit de mieux se cacher ou de mieux se montrer, de dérouter, de surprendre, de faire peur ou de séduire, suivant les circonstances.

Un kaléidoscope

Une robe disruptive

Le gaterin oriental *Plectorhinchus orientalis* peut passer inaperçu sur les récifs. Les différentes rayures fortement colorées de sa robe constituent des motifs difficiles à repérer dans ce milieu où la lumière arrive par petites taches sur un fond coloré.

Afficher sa dangerosité

Revêtue de sa parure spectaculaire, la rascasse diable *Pterois antennata* annonce ainsi à ses ennemis qu'elle est venimeuse. Qui s'y frotte s'y pique !

Dès qu'il est dérangé, alors qu'il se reposait tranquillement sur le fond, bien caché parmi les algues, le rouget à lignes blanches *Parupeneus ciliatus* change instantanément de couleur.

Mérou faraud
Epinephelus flavocaeruleus

Les changements de couleur

Beaucoup de poissons des récifs, comme les mérous, sont capables de changer de coloration instantanément, lors d'un stress ou d'une excitation. Ils y parviennent en contractant ou en dilatant des cellules pigmentées de la peau, appelées chromatophores.

Girelle paon à taches d'encre
Thalassoma hardwicke

de couleurs

Une palette de couleurs

Les couleurs des poissons sont dues à des pigments des cellules de la peau. On trouve le pigment rouge dans les érythrocystes, le jaune dans les xanthocytes et les bruns ou noirs dans les mélanocytes. Le mélange de ces pigments permet d'obtenir toute une gamme de couleurs.

Des reflets argentés

Des cellules appelées « guanophores » ou « iridocytes » contiennent des cristaux de guanine. Elles peuvent s'orienter à la manière d'un miroir et réfléchir un spectre de lumière très varié permettant d'obtenir toutes les nuances de bleu, de vert et d'argenté.

Bossu gris
Gymnocranius griseus

Les différentes livrées du poisson-ballon

Ce poisson-ballon à taches noires *Arothron nigropunctatus* se présente le plus communément sous une livrée beige ou gris-bleu, mais on le rencontre parfois avec une robe complètement jaune, et ceci, indépendamment de son âge ou de son sexe.

Assurer sa descendance

Les poissons, peut-être plus que tout autre groupe d'organismes, font preuve d'une remarquable diversité dans leurs modes de reproduction. Ils sont capables de changer de sexe, de couleur et de forme tout au long de leur vie. Ces transformations étonnantes peuvent être influencées par des facteurs internes ou externes, comme l'âge, la quantité de nourriture, la taille du territoire ou la pression sociale. Les poissons s'adaptent. Il s'agit avant tout, de perpétuer l'espèce et tout est mis en œuvre pour y arriver.

La sexualité des poissons coralliens est extrêmement complexe : on y trouve des bisexuels, des transsexuels et des hermaphrodites... Chez de nombreuses espèces, le sexe n'est pas déterminé à la naissance et les individus peuvent subir une inversion sexuelle durant leur vie. Certains poissons naissent femelles puis deviennent mâles (hermaphrodisme protogyne) comme les mérous, les perroquets, les poissons-anges ou les labres. D'autres au contraire, comme les pagres ou les poissons-clowns, subissent le phénomène inverse : mâles d'abord, femelles ensuite (hermaphrodisme protandre).

Ces poissons qui

Mâles et femelles

Chez les capitaines ou les bossus *Monotaxis grandoculis*, il n'existe aucun signe extérieur permettant de différencier les mâles et les femelles. L'étude de leur reproduction est difficile. Il faut capturer l'animal et le disséquer pour observer ses gonades.

Chez les blennies à rides *Istiblennius edentulus*, le mâle (1) se distingue de la femelle (2) par la présence d'un petit casque sur la tête.

(1)

(2)

Un bec plus long, une robe bleu-vert foncé et un corps élancé différencient le mâle (1) du labre oiseau *Gomphosus caeruleus*, de la femelle (2).

(1)

(2)

Tenues de circonstance

Chez les murènes rubans *Rhinomuraena quaesita*, le mâle arbore une robe bleue avec le museau et les nageoires jaunes. Il devient entièrement jaune lorsqu'il se change en femelle.

Pas facile de s'y retrouver !

Les poissons qui changent de sexe, non seulement modifient leur comportement, mais changent aussi d'aspect morphologique, de taille et de couleur. À tel point que chez certains labres, on a longtemps considéré qu'il s'agissait d'espèces différentes. La question se pose d'ailleurs encore actuellement pour certaines d'entre elles qui sont souvent confondues et dont la détermination n'est pas encore clairement établie.

Labre clown
Coris aygula juvénile

phase femelle

phase mâle

Poisson-clown mouffette
Amphiprion akallopisos

Que le meilleur gagne !

Chez les poissons-clowns, un jeune mâle, plus fort et plus vigoureux, va chasser la femelle, âgée ou faible. L'ancien partenaire masculin se transforme alors à son tour en femelle pour former un nouveau couple, et ainsi de suite... Cette régulation permet d'assurer une optimisation de la reproduction de l'espèce.

changent de sexe !

Le sultan et son harem

Les anthias, ou barbiers, constituent des harems sur une surface délimitée, avec un mâle pour 10 à 20 femelles. La présence de ce dernier bloque, en quelque sorte, le système hormonal des femelles ; ce qui les empêche de poursuivre leur développement. Lorsque le « sultan » vient à disparaître, c'est la femelle dominante qui change alors de sexe et devient mâle à son tour. On pense que ce phénomène est le résultat d'une adaptation chez les poissons très territoriaux. Ainsi, ils n'ont pas besoin de se déplacer pour trouver un partenaire et assurer la reproduction.

Mâle

Femelle

Banc de barbiers à queue de lyre
Pseudanthias squamipinnis

Perroquets travestis !

Chez certaines espèces de poissons-perroquets, les mâles qui n'ont pas trop de succès auprès des belles dames vont jusqu'à se travestir en femelles pour les approcher plus facilement. Non seulement ils changent de robe, mais parfois leurs gonades peuvent être hypertrophiées, formant un renflement du ventre... comme une femelle gravide.

Scarus rubroviolaceus porte le nom de perroquet prairie lorsqu'il est en phase mâle (1) et de perroquet lie de vin quand il est en phase femelle (2).

(1)

(2)

Afin de se rencontrer, de se reconnaître et d'assurer la reproduction au milieu du labyrinthe du récif corallien, les poissons ont développé des stratégies très variées. Dans tous les cas il faut séduire la belle, se faire remarquer et être élu. Certains se parent de leurs plus beaux atours, acquièrent des couleurs vives, augmentent de taille ; d'autres élaborent des danses nuptiales, des mâles se battent avec des rivaux. Il y a ceux qui ne quittent jamais leur partenaire alors que d'autres batifolent de l'un à l'autre.

Home, sweet home...

Chez les mérous ananas *Cephalopholis sonnerati*, le couple se forme généralement autour d'un abri qu'il occupera toute sa vie.

Trouver un

Plus près de toi...

Au milieu d'un banc de carangues gros yeux *Caranx sexfaciatus,* le mâle (plus foncé) ne quittera pas d'un pouce la belle qu'il a choisi. Pour la séduire, il la suivra dans ses moindres mouvements.

Des parades amoureuses

La communication gestuelle est courante chez les poissons-demoiselles qui entreprennent des parades amoureuses très caractéristiques. Le mâle se lance dans des danses frénétiques pour attirer les femelles et s'imposer sur son territoire.

Demoiselles à trois bandes noires
Dascyllus aruanus

Changer de robe pour plaire

En période de reproduction, les mâles du grégoire noir *Stegastes nigricans* développent une livrée fort différente. Une grande bande claire verticale sur les flancs ainsi qu'une sorte de jugulaire blanche qui part de la bouche jusqu'à la nageoire pectorale apparaissent.

Robe normale

Robe de frai

Poisson-ange à demi-cercles
Pomacanthus semicirculatus

Amours éphémères

Les poissons-anges se reproduisent par couples et ne se tolèrent qu'au moment de la reproduction. Le reste du temps, ce sont des poissons solitaires très territoriaux.

(1) Poissons-papillons mouchetés
Chaetodon guttatissimus

(2) Gobies de feu
Nemateleotris magnifica

(3) Gobies à raie bleue
Valencienna strigata

Les couples fidèles

Quelques espèces de poissons de récifs coralliens sont monogames et vivent en couple, au moins pendant une partie de leur vie. C'est le cas de certains poissons-papillons (1) ou gobies (2) et (3). Ce sont des unions qui peuvent durer plusieurs années et qui ne s'arrêtent parfois qu'à la disparition de l'un des deux partenaires.

partenaire

Les grands rassemblements

Les gros carnassiers, comme les requins à queue noire *Carcharhinus wheeleri,* se regroupent en grand nombre dans certaines zones du récif, à des moments précis, liés à la lune et aux marées. Ils rencontrent alors leur partenaire pour la reproduction puis retourneront vers leurs pérégrinations solitaires.

Des mœurs très libres

La majorité des poissons récifaux, tel ce labre nébuleux *Halichoeres nebulosus*, sont polygames, c'est-à-dire qu'ils se reproduisent avec plusieurs partenaires et procréent en pleine eau. Les mâles séduisent une femelle et fécondent les œufs au fur et à mesure de leur expulsion. La rencontre des gamètes se fait alors au gré des courants.

Frayer

À certaines périodes de l'année, de nombreuses espèces de poissons se rassemblent dans des lieux précis, soit en couples, soit à plusieurs individus ou encore en bancs très importants, pour libérer leurs gamètes en pleine eau. La reproduction de la plupart des espèces récifales est régulière tout au long de l'année avec des pics lors des saisons les plus favorables. Elle est souvent basée sur la quantité : un nombre très important d'œufs et de larves et de multiples partenaires. Quelques-uns misent, au contraire, sur les soins parentaux appliqués aux œufs : on produit peu de descendants mais on les protège le mieux possible.

La rencontre des gamètes en pleine eau

Chez les poissons-chirurgiens qui se reproduisent en groupes, les femelles sortent du banc vers la surface et expulsent des nuages d'œufs qui sont immédiatement fécondés par un ou plusieurs mâles. Le succès de la reproduction dépend du synchronisme dans l'émission des produits sexuels.

Chirurgien hawaïen
Acanthurus dussumieri

Le nid du baliste

Les balistes déposent leurs œufs dans des petites excavations creusées dans le sable. Ils sont farouchement gardés par les parents qui peuvent devenir très agressifs pendant cette période. Ceci limite la prédation sur les embryons. Régulièrement ils « soufflent » sur les œufs, créant un courant d'eau qui les nettoie et les oxygène.

Baliste titan
Balistoides viridescens

Une frayère idéale

Chez les poissons-demoiselles, les œufs sont déposés sur un substrat préalablement préparé et nettoyé méticuleusement par le couple. Dans une sorte de danse frénétique, la femelle pond ses œufs en plusieurs fois au même endroit et le mâle les féconde au fur et à mesure.

Ce poisson-clown a pondu ses œufs au pied de l'anémone qui l'héberge et qui offre à sa ponte une protection toute trouvée.

Apogon
Cheilodipterus lineatus

Des œufs dans la bouche

Soucieux de préserver leur progéniture et de la soustraire à la vue et à l'odeur des prédateurs, les apogons mâles conservent leurs œufs à l'abri dans leur bouche, jusqu'à la naissance des larves. Les œufs sont ainsi constamment ventilés, grâce aux mouvements respiratoires du poisson.

Une fécondation interne

Seuls les requins et les raies sont pourvus de deux appendices appelés ptérygopodes qui sont des nageoires transformées en organes copulateurs. Ces organes comparables à des pénis vont alors permettre au mâle de réaliser une fécondation interne en les introduisant à tour de rôle dans le cloaque de la femelle.

Un œuf dans un étui

Les requins ovipares, comme les requins zèbres, pondent des œufs de taille importante, protégés par une capsule protectrice.
Cet étui corné qui durcit au contact de l'eau de mer, présente des prolongements de chaque côté qui permettent sa fixation sur un substrat, rocher ou algue.

Des petits qui naissent du ventre de la mère

Les requins de la famille des Carcharhinidae et des Sphyrnidae possèdent une sorte de placenta comme celui des mammifères : ils sont vivipares. Les embryons se développent à l'intérieur de la mère. D'autres requins sont ovovivipares : les embryons des requins-scies (Pristidae) et des requins-guitares (Rhinidae) se développent dans le ventre de la femelle mais n'ont aucune relation avec la mère.

Lorsque le requin corail *Triaenodon obesus* s'accouple, le mâle maintient la femelle au fond, en la mordant à la nageoire ou sur le dos. C'est pourquoi monsieur a des dents plus longues et madame une peau plus épaisse !

Bébé requin-marteau
Sphyrna lewini

Un père exemplaire

Dans la grande famille des hippocampes et des poissons-tuyaux, la femelle dépose ses œufs dans la poche ventrale du mâle où ils seront fécondés. C'est une sorte de fécondation interne. Le mâle donne naissance à de nombreux petits poissons qui sont expulsés par de véritables contractions.

Syngnathe à pointillés
Corythoichthys schultzi

L'éclosion

L'éclosion des œufs se produit souvent en moins d'une semaine. Elle a parfois lieu dès le deuxième jour après la ponte (poissons-papillons, rascasses, chirurgiens ou antennaires). La larve fait alors quelques millimètres de longueur et n'est pas plus épaisse qu'un cheveu.

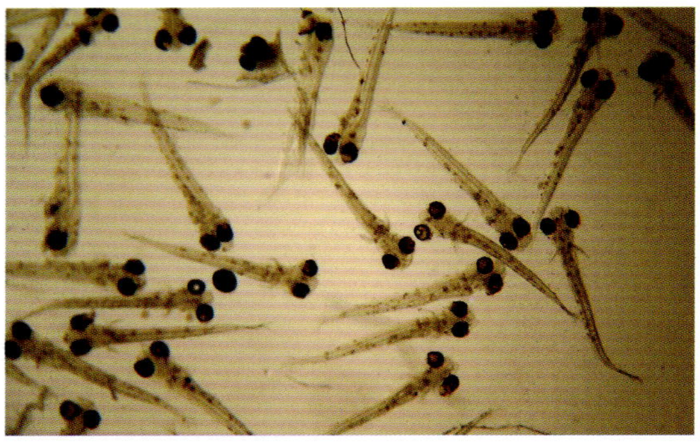

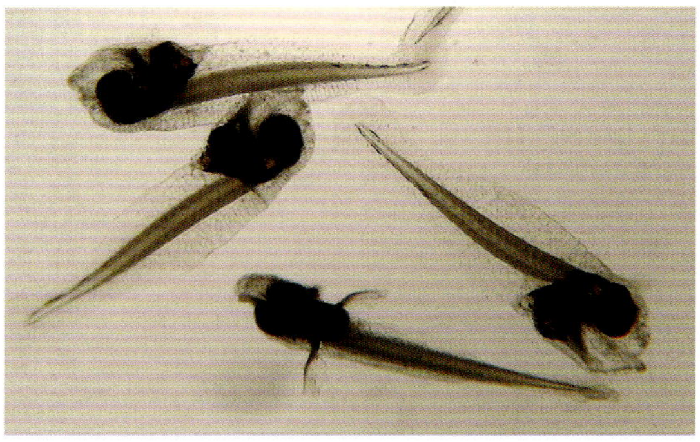

La plupart des poissons récifaux ont un cycle de vie comportant deux phases distinctes, une phase pélagique en plein océan et une phase démersale ou benthique sur le récif. La durée de la phase pélagique est très variable : entre 9 et 100 jours, selon les familles. Lorsque les larves arrivent à proximité d'un récif et qu'elles sont à leur dernier stade de développement larvaire (post-larves), les ultimes transformations morphologiques pour former un juvénile s'enchaînent rapidement : c'est la métamorphose. Celle-ci est associée à la colonisation du récif, et c'est probablement le contact avec le milieu corallien qui provoque ce bouleversement.

Le grand voyage

L'étude des larves de poissons

Parce qu'elles sont dispersées dans l'immensité de l'océan, l'étude des larves est très difficile. Des prélèvements à l'aide de filets à plancton ont autorisé quelques approches. Puis les scientifiques ont élaboré des pièges lumineux (ill.) qui utilisent le phototropisme des poissons, c'est-à-dire leur attirance pour la lumière. Ceux-ci ont permis de mieux appréhender ce problème.

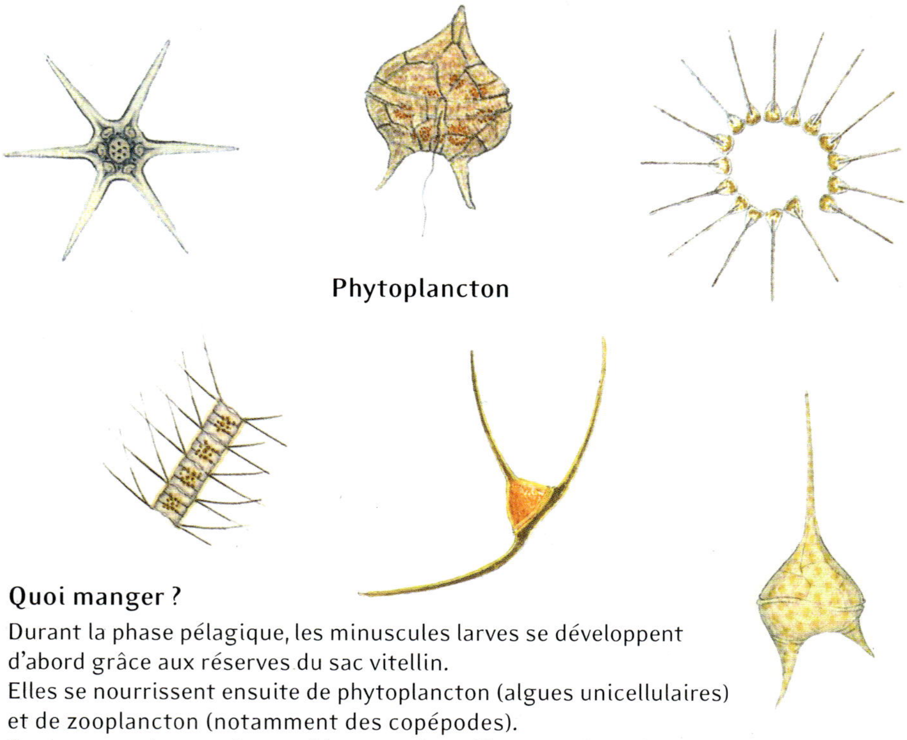

Phytoplancton

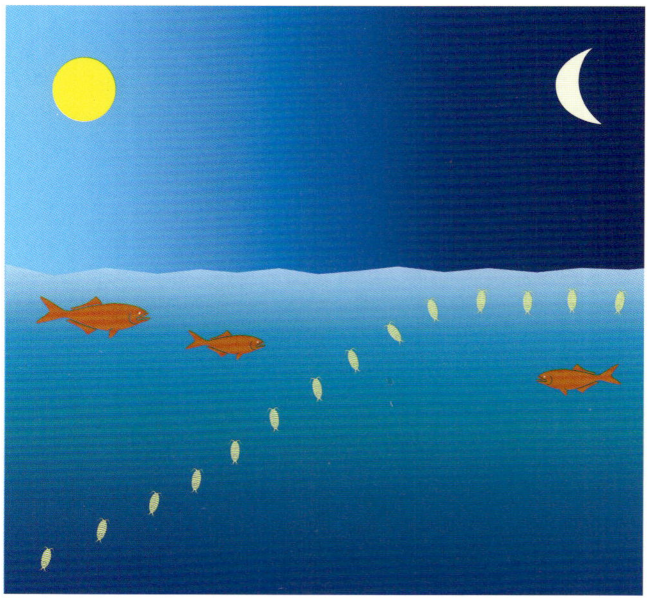

Quoi manger ?

Durant la phase pélagique, les minuscules larves se développent d'abord grâce aux réserves du sac vitellin.
Elles se nourrissent ensuite de phytoplancton (algues unicellulaires) et de zooplancton (notamment des copépodes).
Pour trouver la nourriture adéquate, elles effectuent des migrations verticales nycthémérales, du fond (le jour) vers la surface (la nuit).

Comment s'adapter ?

Les larves acquièrent très vite des caractéristiques morphologiques propres à leur existence en pleine eau.

Transparence

Les larves de poissons-chirurgiens, sont pratiquement transparentes. Seuls les organes de la cavité abdominale et les yeux sont visibles.

des larves

Tel un satellite

Nombre de larves de poissons ont des plaques osseuses et des épines qui leur assurent une protection contre les prédateurs. Hypertrophiées, comme chez les mérous, ces épines servent également de stabilisateurs lors de leur phase pélagique. Les larves flottent plus facilement sans dépenser d'énergie.

Filet en place à marée basse

Le retour sur le récif : la nuit de tous les dangers

La colonisation des récifs s'effectue en grande partie à la saison chaude et préférentiellement durant les nuits de nouvelle lune. L'absence de lumière permet en effet d'échapper à la prédation. Des recherches, effectuées notamment grâce aux filets de crêtes (ill.), ont montré que les post-larves de poissons récifaux colonisent les lagons en très grand nombre et que le stock des jeunes recrues est jusqu'à dix fois supérieur au stock d'adultes existant.

Les chances de survie

La prédation va être très intense sur ces petites larves qui devront affronter les grands prédateurs pélagiques, comme les thons et les bonites, mais aussi les oiseaux, les méduses ou les calmars. Une seule larve sur un million d'œufs reviendrait sur un récif. Mais cette dernière étape est encore très dangereuse. Certains comparent ce récif à un « mur de bouches » où, là encore, une seule larve sur cent pourra atteindre le stade juvénile et s'installer définitivement pour grandir et devenir adulte.

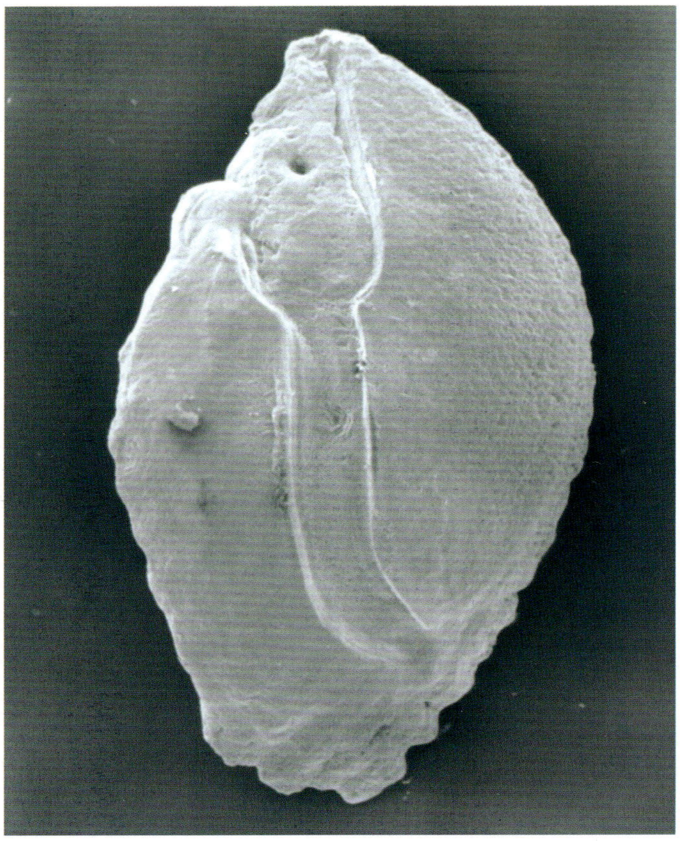

(1)

(2)

La croissance et la durée de vie des poissons sont variables selon les espèces. Grossir le plus rapidement possible est essentiel afin d'échapper à la prédation. Il s'agit de manger sans être mangé. La croissance est généralement très rapide dans les premiers mois d'existence. À l'âge adulte, elle ralentit au profit de la fabrication des gamètes. La plupart des poissons ne s'arrêtent jamais vraiment de grandir et les gros spécimens sont donc souvent les plus vieux.

Petit poisson

Comment estimer l'âge des poissons ?

Pendant longtemps la durée de vie des poissons a été difficile à estimer et les seules données fiables concernaient des individus maintenus en captivité. Il y a quelques années, les chercheurs ont découvert de petites pièces osseuses situées dans l'oreille interne que l'on appelle des otolithes (1) sur lesquelles sont inscrites des stries de croissance que l'on peut déchiffrer un peu à la manière des stries dans une coupe de bois (2).

Les trois habits de l'empereur

Beaucoup de poissons juvéniles sont très différents des adultes. Un des exemples les plus connus concerne le poisson-ange empereur *Pomacanthus imperator* qui arbore, lorsqu'il est petit, une robe bleue turquoise avec des anneaux blancs concentriques caractéristiques. Cette coloration juvénile disparaît à la maturité sexuelle, qui se produit au bout d'un à deux ans suivant les individus. En quelques jours le poisson acquiert une autre coloration à rayures jaunes et masque noir, typique des adultes.

Une robe pour chaque âge

Le mérou à bord rouge *Gracila albomarginata* doit son nom à la robe qu'il porte lorsqu'il est juvénile. Son corps prend une couleur châtaigne lorsqu'il devient adulte.

Changement de milieu

Les jeunes demoiselles à trois taches *Dascyllus trimaculatus* vivent à proximité d'une anémone de mer tandis que les adultes s'associent par petits groupes autour d'un pâté corallien.

Un habitat différent

Lorsque jeunes et adultes partagent le même territoire, comme ces petits mérous gâteau de cire *Epinephelus merra* du lagon, les jeunes recherchent les petits fonds proches du rivage pour se mettre à l'abri des attaques de leurs congénères adultes.

deviendra grand

(1) Sergent major à queue en ciseaux
Abudefduf sexfasciatus

(2) Rouge grand queue
Variola louti

Devenir adulte

Ce sont les espèces de petite taille qui atteignent leur maturité sexuelle le plus rapidement, parfois au bout de quelques mois seulement comme chez les poissons-demoiselles (1) ou les gobies, alors que celles de grande taille comme les mérous (2) ou les requins peuvent attendre plusieurs années avant de se reproduire.

Les vieux grands-pères

En général, les grands poissons vivent plus longtemps que les petits. Les espèces de petite taille comme les poissons-papillons ont une durée de vie qui n'excède pas 2 ou 3 ans, alors que les poissons de grande taille, comme les mérous peuvent vivre plusieurs dizaines d'années.

Mérou malabar
Epinephelus malabaricus

Des espèces très recherchées

Certaines espèces ont une croissance exceptionnelle et sont capables d'augmenter leur poids de 3% par jour comme le cobia *Rachycentron canadum*.
Ces espèces ont donc rapidement fait l'objet de recherches dans le domaine de l'aquaculture qui est encore largement sous-exploitée en milieu tropical.

La recherche de la nourriture

À la diversité des ressources alimentaires correspond une variété de stratégies, parfois très sophistiquées, développées par les poissons de récifs dans la recherche de nourriture. Optimiser celle-ci permet de réduire la dépense énergétique. La plupart du temps, c'est « chacun pour soi ». Cependant quelques-uns, pour être plus performants, se regroupent en bancs ou s'associent avec d'autres espèces pour se nourrir. Le régime alimentaire varie en fonction de l'âge, de la taille et des facteurs environnementaux comme la température ou la qualité d'eau.
Les poissons semblent utiliser leur nourriture de façon plus efficace que les animaux terrestres, grâce à un bon système d'assimilation et un taux de conversion élevé. Sur les récifs coralliens, les trois quarts des espèces se nourrissent uniquement le jour et d'autres uniquement la nuit. Les prédateurs présentent parfois une forte activité de chasse à l'aube et au crépuscule.

Mieux digérer
L'intestin des poissons herbivores qui se nourrissent d'algues est beaucoup plus long que celui des carnivores car leur nourriture est plus difficile à assimiler à cause de la cellulose des végétaux.

Saupe grise
Kyphosus cinerascens

Les poissons ont su exploiter au mieux les nourritures abondantes et variées du récif. Certains sont très spécialisés, tandis que d'autres sont plus opportunistes. Ils font parfois preuve d'une étonnante capacité d'adaptation et il n'est pas rare qu'en cas de pénurie alimentaire, ils changent de régime provisoirement et se contentent de ce qui est disponible.

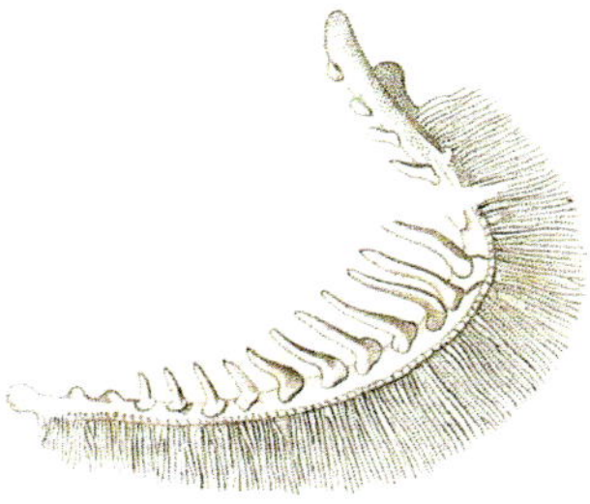

Les poissons récifaux

Ouvrez grand la bouche !
Les espèces planctonophages, comme les anchois, les sardines ou les athérines, nagent la bouche ouverte. Les longues et très nombreuses épines, appelées branchiospines, qui garnissent les arcs branchiaux, forment une sorte de filtre qui retient le plancton.

Les yeux plus gros que le ventre
Certains poissons sont capables d'engloutir d'énorme quantité de nourriture en une seule fois. Les antennaires, tels ces antennaires géants *Antennarius commersonii*, peuvent avaler un poisson qui fait 3 fois leur taille, grâce à un estomac extensible.

Que vous avez de grandes dents !
Les dents des poissons sont adaptées aux différents aliments. Elles sont coupantes ou râpeuses chez les poissons herbivores, massives ou plates et chez ceux qui broient des coquillages (comme ce baliste titan), très longues et nombreuses chez les prédateurs comme les barracudas qui en possèdent même sur la langue et le palais.

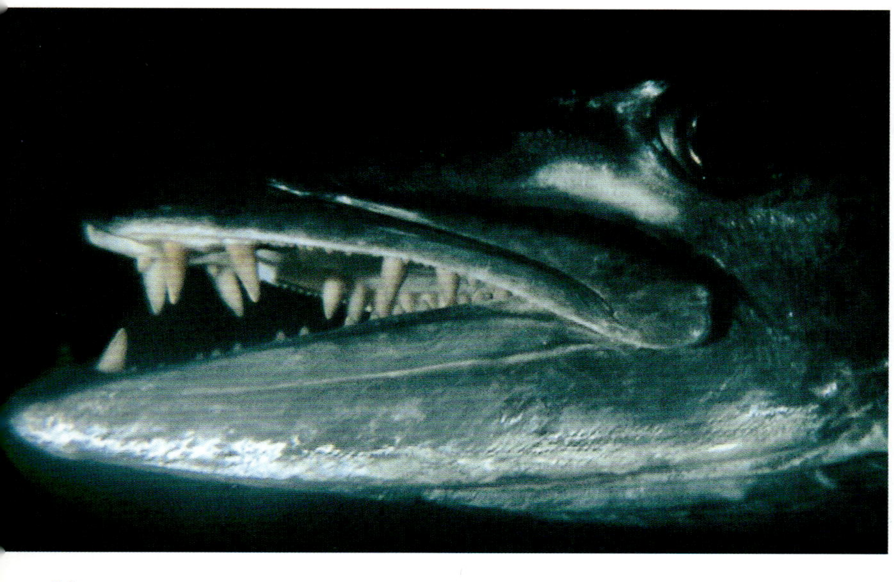

Changer de régime

À la métamorphose, lorsque les larves venues du large colonisent les récifs, elles doivent s'adapter rapidement à un régime alimentaire parfois très différent, notamment chez les herbivores.

Planctonophage pendant la phase larvaire, l'idole des maures *Zanclus cornutus* consomme surtout des éponges quand il est adulte.

(1)

La quantité de nourriture

De multiples expérimentations en élevage intensif ont été réalisées afin de déterminer la quantité de nourriture optimale pour qu'un poisson grandisse très vite et à moindre frais. Elle serait comprise entre 5 et 20 % du poids du poisson par jour pour les petites espèces (1), les larves et les juvéniles et autour de 3 à 5 % du poids du poisson par jour pour les plus gros individus (2). Cette quantité dépend évidemment du régime alimentaire et de l'espèce.

se nourrissent

(2)

Vivaneau chien rouge
Lutjanus bohar

Impossible de lâcher prise

Le petit mérou oriflamme n'a aucune chance d'échapper au poisson-lézard *Saurida gracilis* qui possède des centaines de petites dents très effilées et inclinées vers l'arrière. Lorsqu'il attrape une proie, celle-ci ne peut que s'enfoncer dans la gueule en se débattant.

Une grande bouche !

Ce baliste a été happé tout entier par le mérou patate *Epinephelus tukula.*

Baliste picasso
Rhinecantus aculeatus

Des yeux protégés

Chez les limes et les balistes, les yeux sont situés bien en arrière de la bouche, ce qui les met à l'abri lorsque l'animal s'attaque à un oursin ou un crabe, ses proies favorites.

(1) (2)

Des gratteurs d'algues
Les blennies appartenant à la sous-famille des Salariinae, comme cette blennie à lignes *Ecsenius lineatus* (1) ou cette blennie à lignes bleues *Blenniella periopthalmus* (2), ont une grande bouche munie d'une multitude de petites dents qui leur permettent de gratter le film algal qui pousse sur les coraux morts.

Herbivorie

Sur les récifs, les herbivores ne sont représentés que par quelques espèces, mais en revanche, ils sont souvent très abondants. Ils passent l'essentiel de leur temps à se nourrir avec un pic d'activité durant les heures les plus ensoleillées de la journée. Se déplaçant généralement en bancs monospécifiques ou plurispécifiques pouvant atteindre plusieurs milliers d'individus, ils jouent un rôle prépondérant sur les constructions récifales en limitant la prolifération des algues.

Des mangeurs d'algues
Si quelques espèces de nasons ou licornes sont planctonophages, la plupart se nourrissent de grosses quantités d'algues vertes et brunes qui poussent sur le récif.

Le nason *Naso unicornis* doit son nom de licorne, à la protubérance pointue qu'il a sur le devant de la tête.

Les jeunes nasons s'associent parfois à ces bandes de chirurgiens bruns noirs *Acanthurus nigrofuscus* qui se nourrissent des algues filamenteuses qui peuvent envahir le récif.

Des dents en brosse pour brouter
Les poissons-chirurgiens bagnards *Acanthurus triostegus* et *Acanthurus polyzona* raclent, avec leurs dents en forme de petite brosse, le feutrage algal qui pousse sur les coraux morts ou les substrats rocheux.

Tous derrière et lui devant...
Les poissons-chirurgiens bagnards se déplacent en bancs de plusieurs centaines d'individus. Ils sont particulièrement abondants dans les zones peu profondes bien ensoleillées.

Le poisson jardinier

Le grégoire à museau émoussé *Stegastes lividus*, reconnaissable à l'ocelle bleue et noire à la base de la dorsale, défend férocement son territoire où il cultive un jardin d'algues qui lui procure de la nourriture à volonté.

Des racleurs de corail

Les poissons-perroquets doivent leur nom à leurs dents soudées en 4 plaques (2 en bas et 2 en haut) qui forment une sorte de bec très dur. Grâce à leurs puissants muscles maxillaires, ils raclent le gazon algal et le substrat calcaire qui est broyé et éliminé sous forme de sable, en même temps que les excréments.

sur le récif

Ma petite bande

Certaines espèces de perroquets sont solitaires tandis que d'autres sont grégaires (en particulier les juvéniles et les femelles). Ils sont capables d'effectuer de grands déplacements entre les zones de pâturages et les refuges nocturnes.
Ces petits perroquets brûlés *Chlorurus sordidus* vivent le jour en bandes dans les herbiers où leur coloration verte les camoufle aisément.

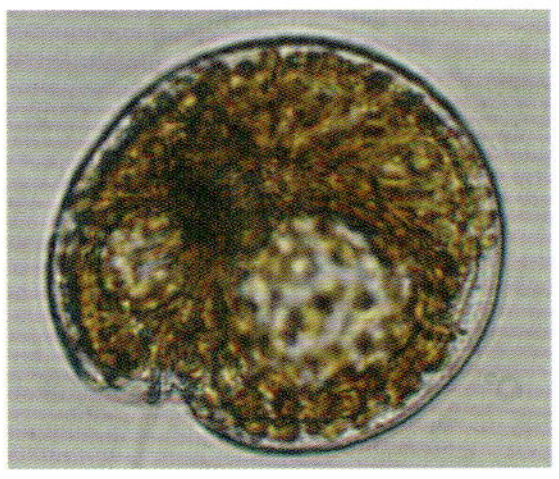

Des poissons toxiques

L'intoxication alimentaire à ciguatera est due à la présence dans les poissons d'une toxine élaborée par des micro-algues, comme ce *Gambierdiscus toxicus*. Les herbivores deviennent toxiques par ingestion de ces algues et la toxine s'accumule en remontant la chaîne alimentaire. Les poissons carnivores de grande taille peuvent alors être dangereux pour l'homme.

Des poissons-lapins

Les picots doivent leur nom de poissons-lapins aux mouvements de leurs lèvres lorsqu'ils broutent les algues qui poussent à la base des coraux morts. *Siganus sutor* est aussi appelé poisson cordonnier à Maurice et marguerite à La Réunion.

Des planctonophages nocturnes

Les lutjans, les priacanthes et les poissons-écureuils (1) se nourrissent de zooplancton de grosse taille, comme les larves de poissons ou de crustacés qui pullulent sur le récif la nuit.

(1) Myripristis à taches noires
Myripristis melanosticta

Des planctonophages diurnes

Les crustacés planctoniques comme les copépodes, servent de nourriture à bon nombre de poissons récifaux comme les fusiliers (2), les anthias ou encore certains poissons-demoiselles.

(2) Fusilier tricolore
Pterocaesio tile

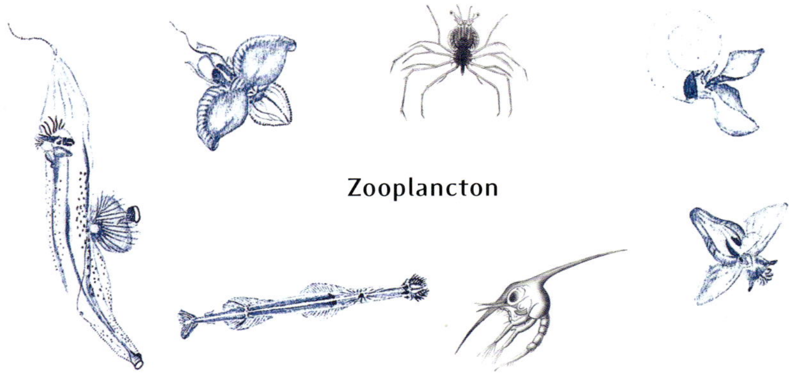

Zooplancton

Les poissons de récif sont, en majorité, carnivores. Certains d'entre eux broutent les coraux, les alcyonnaires, les éponges tandis que d'autres préfèrent consommer des petits vers, des crabes, des crevettes, des étoiles de mer, des oursins, ou encore des coquillages et des nudibranches qui foisonnent sur le récif. Si des poissons, actifs surtout la nuit, préfèrent se nourrir de zooplancton, d'autres plus véloces s'attaquent volontiers à des céphalopodes ou encore à d'autres poissons.

Au menu : mollusques

Le flash du poisson-phare

Le poisson nocturne *Photoblepharon palpebratus* se nourrit du plancton qu'il illumine dans un faisceau de lumière produite par d'énormes organes lumineux sous-orbitaires. Ceux-ci abritent des bactéries luminescentes symbiotiques. Ils peuvent être occultés par une paupière très opaque, comme un rideau.

Des poissons brouteurs

Bon nombre de poissons-papillons (1), de zancles (2) et de poissons-globes (3), se nourrissent d'organismes fixés comme les alcyonnaires, les éponges et les ascidies.

(1) Poisson-papillon mître
Chaetodon mitratus

(2) Idole des maures
Zanclus cornutus

(3) Canthigaster d'Amboine
Cantigaster amboinensis

Des croqueurs de crabes

Ce petit gobie à œil barré *Gnatholepis Cauerensis* trouve sa nourriture près des coraux morts où il vit.

La carapace de ce crabe ne résistera pas aux mâchoires de la murène grise *Siderea grisea.*

Un museau tubulaire

Le labre à long museau *Epibulus insidiator* possède une mâchoire protractile qui se déplie pour former un long tube.
Grâce à ce museau tubulaire, il attrape poissons et petits crustacés vivant dans les coraux.

crustacés et autres petits animaux

Un museau en pipette

Le poisson-pincette *Forcipiger longirostris* a un museau très allongé avec lequel il aspire les petits animaux cachés entre les branches des colonies coralliennes.

Des broyeurs de coquilles

Ils ont des dents puissantes qui leur permettent de casser carapaces et coquilles.

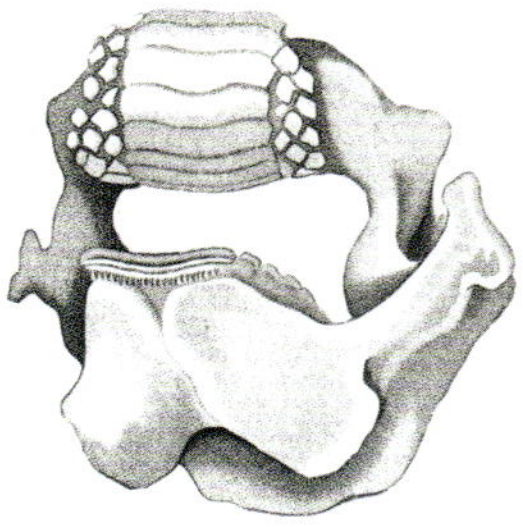

Poisson-ballon à taches blanches
Arothron hispidus

Les poissons-ballons ont les dents soudées en un bec constitué de deux plaques pour chaque mâchoire.
D'où le nom donné à leur famille :
Tetraodontidés (ce qui signifie « à 4 dents »).

Les raies ont une bouche située ventralement. Surtout actives la nuit, elles ondulent leurs nageoires pour soulever le sable et déloger les crustacés et les coquillages, qu'elles broient avec leurs dents pavées, en forme de meule.

Chasser en pleine eau
Les barracudas *Sphyraena barracuda* chassent plutôt en solitaires lorsqu'ils sont adultes ou en groupes lorsqu'ils sont jeunes.
Avec un corps puissant et profilé, ils sont capables d'atteindre des vitesses de pointe de 40 à 50 km/h et de rattraper ainsi les plus petits poissons.

Qu'ils chassent en pleine eau ou à l'affût, les poissons prédateurs ont en commun la rapidité de leur attaque lorsqu'ils ont repéré une proie (calmar, crevette ou poisson). En général les poissons piscivores stricts, tels que les requins, les mérous ou les carangues, sont en bout de chaîne alimentaire. Comme tous les vertébrés à sang froid, ils peuvent rester de longues périodes sans s'alimenter et puisent alors dans leurs réserves. Il n'est pas rare qu'un poisson jeûne plusieurs semaines, voire plusieurs mois, notamment chez les grosses espèces.

Ruses et stratégies

L'union fait la force !
Lorsqu'ils se trouvent en présence d'un banc de poissons, les prédateurs ont pour stratégie d'isoler un individu pour se focaliser sur sa capture.
Plusieurs espèces de thons, de dorades et de requins, s'associent parfois pour être plus efficaces. Même les dauphins et les oiseaux participent à ces attaques généralisées dans de grands bancs de poissons. Chacun profite des capacités des autres prédateurs pour capturer des proies plus facilement.

Une raie électrique
Grâce à des organes spécialisés en forme de reins qu'elle possède dans son dos, la raie torpille *Torpedo fuscomaculata* est capable de produire de l'électricité qui peut atteindre 200 volts. Elle étourdit ainsi ses proies avant de les avaler.

Chasser à l'affût

De nombreux poissons chassent à l'affût. Grâce aux reliefs variés, tourmentés et colorés que l'on trouve dans l'univers corallien, il leur est facile de se confondre avec le milieu environnant et d'attendre tranquillement leur proie.

Le perchoir du poisson-épervier

Blotti entre les coraux, bien campé sur ses nageoires pectorales, *Paracirrhites forsteri* attend patiemment qu'un petit poisson aie l'imprudence de passer dans son champ. Sa vue excellente et sa rapidité à fondre sur sa proie lui ont valu son nom de poisson-épervier (ou encore de poisson-faucon).

S'enterrer

Comme toutes les soles tropicales, la sole de lait *Pardachirus marmoratus* s'enterre partiellement dans le sable autour des colonies coralliennes et change de coloration pour se rendre invisible. Ayant juste les yeux qui dépassent, elle fond sur la proie qui passe à portée de bouche.

des prédateurs

Vision stéréoscopique

L'uranoscope *Uranoscopus sulphureus* s'enterre, lui aussi, dans le sable, ne laissant dépasser que sa redoutable gueule qui s'ouvre vers le haut pour happer le poisson qui passe à proximité. Il possède un appendice vermiforme sur la mâchoire inférieure qu'il agite pour attirer ses proies. Ses yeux mobiles, rapprochés et dirigés vers le haut, lui assurent une excellente vision de son environnement.

(1)

(2)

Les rois du camouflage

Les poissons de la famille des rascasses (1) et des antennaires (2) sont les rois du camouflage. Parfaitement immobiles, leur corps se confond avec le substrat. Agrémenté parfois d'excroissances ou de lambeaux de peau qui ressemblent à des algues, ils sont quasi invisibles sur le récif.

La canne à pêche du poisson-crapaud

L'antennaire utilise une véritable canne à pêche, qui est en fait le premier rayon de sa nageoire dorsale, terminé en forme de vermisseau. Leurré par ce faux ver que le poisson agite devant sa gueule, la proie s'approche sans méfiance. D'une brusque détente, il ouvre sa grande gueule et l'engloutit.

Le plus rapide du monde

Chez le poisson-pierre *Synanceia verrucosa*, l'ouverture de la gueule constitue l'un des mouvements les plus rapides du règne animal. La proie est en fait littéralement aspirée, grâce à la dépression créée par l'ouverture de la bouche.

Profiter de la situation. Voilà la stratégie adoptée par de nombreux poissons de petite taille qui utilisent les autres animaux du récif pour se nourrir ou se protéger. Certains s'en sont même fait une spécialité et possèdent des organes adaptés. Parfois, ils prennent de gros risques en s'approchant d'un prédateur, mais le jeu en vaut souvent la chandelle.

En voiture !

Chez les rémoras *Echeneis naucrates*, la nageoire dorsale est modifiée en un organe lamellaire. Grâce à cette sorte de ventouse, ils s'accrochent aux gros animaux, profitant ainsi du gîte, du transport et des déchets de nourriture. De plus, qui oserait s'approcher d'un gros prédateur pour les manger ?

Des petits malins

(1)

(2)

Des poissons-pilotes qui se laissent conduire

Souvent, les prédateurs déchiquettent leur proie et laissent des miettes dans l'eau. De nombreux poissons opportunistes, tels que les poissons-pilotes *Naucrates ductor* (1) ou certaines petites carangues (2), en profitent et accompagnent souvent les gros poissons dans l'attente d'un repas sans trop se fatiguer. De plus, en raison de l'onde de poussée que génèrent ces poissons, et tout particulièrement les requins, ces petits poissons peuvent nager sans effort.

Profiter d'une bande

La blennie de Midas *Ecsenius midas*, que l'on voit ici près de son terrier, se dissimule parfois au milieu des bancs de barbiers et en adopte l'attitude. Elle peut ainsi s'aventurer en pleine eau pour trouver sa nourriture, tout en bénéficiant de la protection du banc.

La chevauchée du poisson-trompette

Le poisson-trompette *Aulostomus chinensis* a l'habitude de chevaucher un poisson d'une autre espèce pour s'approcher sans se faire voir d'une proie potentielle. Il ouvre alors sa gueule en tuyau et, d'un puissant mouvement de succion, aspire la proie.

Des labres chapardeurs

Les individus fouisseurs comme les rougets barbets sont souvent accompagnés d'un cortège de petits labres à l'affût de la moindre proie qu'ils peuvent dérober.

et des imposteurs

Le labre zig zag *Halichoeres scapularis* profite des reliefs du barbet rayé *Parupeneus barberinus*.

Demi-becs et tortues

Les demi-becs *Hemiramphus far* recherchent les tortues. Lorsque celles-ci remuent et creusent le sable avec leurs pattes antérieures pour brouter les plantes phanérogames, elles soulèvent tout un tas de débris végétaux et de petits organismes prisés par ces poissons omnivores.

(1)

(2)

Le faux nettoyeur, un imposteur

La petite blennie *Aspidontus taeniatus* (1) est une rusée ! Elle ressemble à s'y méprendre au fameux labre nettoyeur *Labroides dimidiatus* (2), aussi bien par sa forme et sa coloration que par son comportement. Elle arrive ainsi par ce stratagème à approcher sans crainte les gros poissons sur lesquels elle arrache une écaille, un bout de peau ou un lambeau de nageoire, avant de se précipiter dans un abri.

Les fameux nettoyeurs

Les labres nettoyeurs, tels ce *Labroides bicolor*, sont spécialisés dans le déparasitage de leurs congénères. Ils se nourrissent des petits organismes vivant sur la peau, les branchies et dans la bouche des gros poissons. Nullement inquiétés par ces prédateurs, on les retrouve couramment à l'intérieur de leur grande gueule en train de traquer systématiquement le moindre parasite. En mangeant les tissus nécrosés, ils nettoient également les plaies.

Les poissons de récifs sont tous plus ou moins parasités par une grande variété d'organismes. Tant que le poisson est en bonne santé, il supporte très bien ces multiples parasites, mais si un stress apparaît, l'équilibre se rompt et les importuns se multiplient de façon incontrôlée, ce qui peut aller jusqu'à la mort de l'individu. Échange de bons procédés. Si les parasites gênent les poissons, ils sont, en revanche, la nourriture favorite d'un certain nombre d'animaux. De véritables stations de nettoyage sont ainsi installées sur le récif.

Le couvert en

Si *Stenopus hispidus* (1) est connue de tous les plongeurs, cette rare *Stenopus pyrosonatus* (2) est aussi une crevette nettoyeuse.

(1)

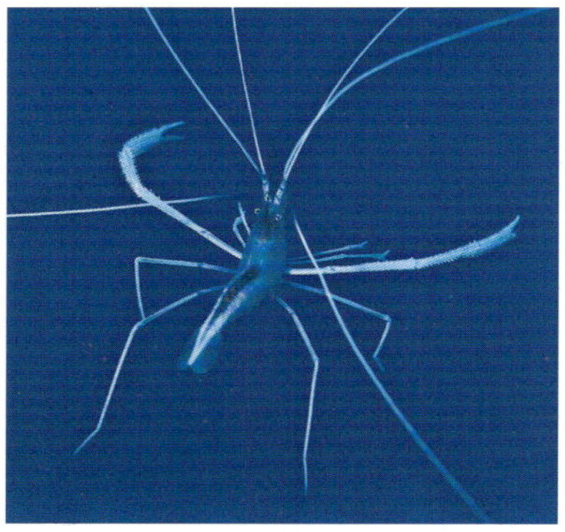

(2)

Lysmata ternatensis

Lysmata amboinensis

Une précision de dentiste

Certaines crevettes du récif sont les reines du nettoyage en profondeur. Elles grimpent sur le poisson qui se présente et effectuent un travail minutieux en dépiautant la moindre parcelle de peau morte ou en dénichant les petits parasites. Elles sont ainsi parmi les rares crevettes à pouvoir afficher des couleurs vives car elles ne sont jamais considérées comme une proie par leurs patients.

L'invitation au nettoyage

Crevettes et poissons nettoyeurs occupent des endroits fixes, très prisés par les poissons qui font souvent la queue pour profiter des soins. La station de nettoyage est indiquée par les nettoyeurs qui affichent leurs couleurs vives, agitent les antennes ou nagent d'une manière particulière.

Labre maori trilobé
Cheilinus trilobatus

Lorsque ça démange...
Lorsqu'ils ont des démangeaisons, les poissons (qui ont du mal à se gratter avec leurs nageoires) vont se frotter sur le sable ou sur une roche. Parfois c'est toujours la même, utilisée de tout temps par de nombreux poissons, sans trop savoir pourquoi puisqu'elle ne présente rien de particulier. Peut-être l'habitude ou la vue des autres individus qui l'utilisent et qui en font forcement un spot très attractif où règne une grande animation.

échange de nettoyage

Se rendre utile à l'occasion
Les poissons-cochers *Heniochus acuminatus* remplissent parfois le rôle de poissons nettoyeurs. Ils débarrassent les gros individus des parasites externes qui se développent sur la peau et n'hésitent pas, de temps en temps, à nettoyer un congénère de la même espèce. Les soins prodigués sont surtout occasionnels sans véritables stations de nettoyage.

Distribution gratuite
Les carapaces de grosses tortues marines se recouvrent régulièrement d'un feutrage algal important qui gêne l'animal dans ses déplacements.
Elles retrouvent alors, fréquemment aux mêmes endroits, les bancs de petits chirurgiens herbivores qui se délectent de ce plateau de belles algues servies à domicile.
Immobiles sur le sable, elles se font alors dorloter pendant des heures par des dizaines de petits poissons qui leur refont une beauté.

Autorisation accordée
Le poisson client signale son besoin de nettoyage en nageant verticalement, en étendant ses nageoires ou en ouvrant largement la bouche. Il peut rester ainsi immobile pendant plusieurs minutes. Lorsqu'il en a assez, il se secoue, le nettoyeur s'en va et le poisson quitte alors les lieux, laissant son tour à un autre acolyte.

Comment ne pas être mangé ?

Les poissons s'éloignent de leur abri lorsqu'ils partent à la recherche de nourriture ; ils font des parades pour attirer les femelles ou nagent en pleine eau pour libérer leurs gamètes. Ils prennent ainsi le risque de se faire repérer par les prédateurs. Dans cette guerre permanente sur le récif, où le chasseur peut, à son tour, devenir une proie, chaque espèce a développé au cours de l'évolution, des armes, des parures ou des comportements visant à impressionner, dérouter, tromper ou dissuader les nombreux prédateurs susceptibles de les capturer. Tous les stratagèmes de défense sont utilisés : épines tranchantes, armes chimiques ou armes mécaniques. Bien souvent, ces systèmes sont associés à des comportements de fuite ou d'attaque visant à réduire au maximum les risques de prédation.

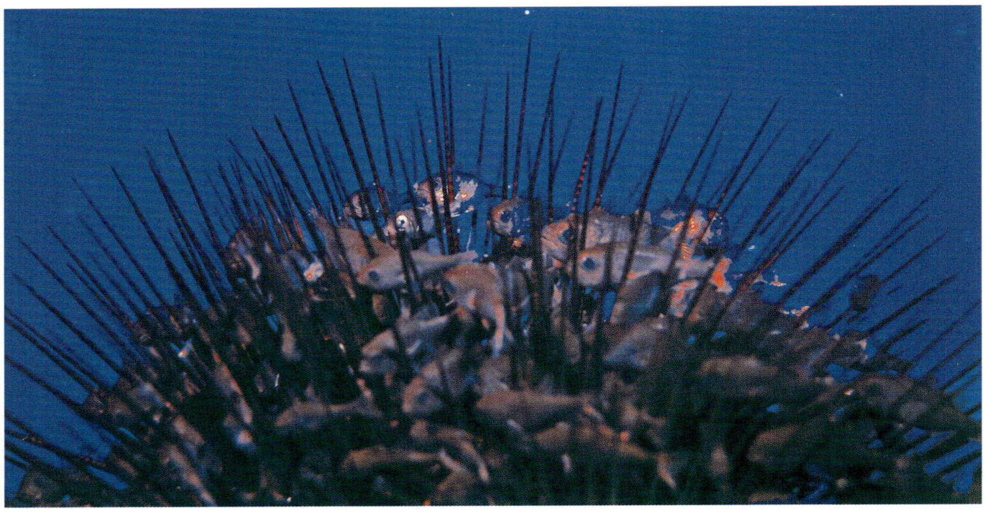

Bien à l'abri dans les piquants
Les apogons *Siphamia versicolor* trouvent parfois abri et protection entre les piquants des oursins diadèmes, les bras des crinoïdes ou les épines des étoiles de mer *Acanthaster*.

Pour échapper à leurs prédateurs, les poissons utilisent les innombrables cachettes que recèle le récif corallien. On s'enterre dans le sable, on se cache dans les coraux, on se réfugie entre les branches des gorgones ou les piquants des oursins. Certains ont leur propre petit coin alors que d'autres, plus mobiles, sont opportunistes.

Alerte !

Une cachette originale
Une vieille bouteille en verre, un vieux coquillage ou un simple tube de mollusque ajusté à sa taille peut parfaitement faire l'affaire pour cette petite blennie à rayures *Plagiotremus rhinorhynchos.*

Plutôt casanières
Dans les lagons, les petites murènes tachetées *Siderea grisea* s'aventurent rarement hors de leur trou au milieu des coraux.
D'un naturel timide, elles se retirent dans leur cachette dès qu'un intrus approche.

Le ballet des demoiselles
Les demoiselles vertes ou bleues *Chromis viridis* virevoltent à proximité des colonies coralliennes branchues d'Acropora ou de Pocillopora. Elles s'y réfugient à la moindre alerte. Difficile alors pour un prédateur de les y déloger !

Épines à cran d'arrêt

Les balistes et les poissons-limes sont munis d'un système d'épines dorsales amovibles pourvues d'un cran d'arrêt. Ce mécanisme permet aux poissons de se coincer fortement dans les anfractuosités du récif, en particulier la nuit lorsqu'ils dorment. Impossible alors de les extirper sans casser ces fortes épines.

Poisson-lime panthère
Cantherhines pardalis

On se planque

Vite, plongeons dans le sable !

Le poisson-ver à une tache *Gunnelichthys monostigma* (1), le jeune labre-rasoir masqué *Novaculichthys taeniourus* (2) et le jeune rason paon *Xyrichthys pavo* (3) ne s'éloignent jamais du fond où ils vivent. Dès qu'ils se sentent en danger, ces poissons plongent dans le sable pour s'y cacher.

(1)

(2)

(3)

Un jardin d'hétérocongres

Les hétérocongres vivent en colonies de plusieurs dizaines d'individus sur les pentes sablonneuses exposées à de forts courants. Ils émergent du sable comme des petits périscopes, se balançant de droite et de gauche, pour capter les petits animaux du plancton dont ils se nourrissent. D'un mouvement d'ensemble, ils se retranchent dans leur tube, dès qu'un danger s'approche.

Hétérocongre tacheté *Heteroconger hassi*

Hétérocongre *Gorgasia sp.*

Une livrée changeante

Les soles tropicales *Pardachirus sp.* et les turbots ont, dans les cellules de leur épiderme, des chromatophores contenant des pigments capables de se dilater ou de se contracter. Ce qui leur permet de déterminer l'intensité de la coloration de leur robe et de se confondre avec la couleur du fond.

Dans la lutte incessante pour la survie, il est vital de ne pas attirer l'attention et de se soustraire à la vue des prédateurs. Certains se fondent dans le paysage tandis que d'autres ressemblent à un objet qui ne présente aucun intérêt. Lorsque ce sont les formes qui sont masquées, on parle alors d'homomorphie (même forme) et quand ce sont les couleurs, il s'agit d'homochromie (même couleur).

Les couleurs

Gribouillage

Difficile pour un prédateur d'apercevoir le poisson-crocodile *Papilloculiceps longiceps* dont les motifs de la livrée font disparaître sa silhouette. Un repli de peau frangé cache ses yeux et diminue du même coup l'intensité lumineuse qui y pénètre.

Du rouge pour s'effacer

De façon étonnante, certaines espèces aux mœurs nocturnes, comme les rougets, les priacanthes ou les poissons-écureuils, sont rouges. Ce n'est pas si surprenant car cette couleur (ou longueur d'onde) est absorbée par l'eau de mer et disparaît très vite. À partir de quelques mètres de profondeur, ces poissons sont ternes et peu visibles. Le flash du photographe révèle leur couleur flamboyante.

Beauclaire lanterne *Priacanthus hamrur*

Se cacher dans la lumière

La coloration des poissons pélagiques présente généralement un gradient de luminosité dorso-ventral. Le dos est sombre, le ventre clair ou argenté. Vu de dessus, le dos sombre se fond dans le bleu intense des profondeurs ; vu de dessous, le ventre clair se confond dans les éclats de la lumière des vagues de surface ; vu de côté, l'éclairage dorsal efface les contrastes entre le dos et le ventre.

Carangue leurre *Scomberoides lysan*

Une robe à carreaux

La livrée du poisson-faucon à long nez *Oxycirrhites typus* lui permet de se camoufler parfaitement parmi les grandes gorgones où il vit exclusivement.

de l'invisible

À cache-cache

Ce petit labre *Oxycheilinus sp.* passe inaperçu parmi les branches colorées d'un alcyonnaire de la famille des Nephtheidae.

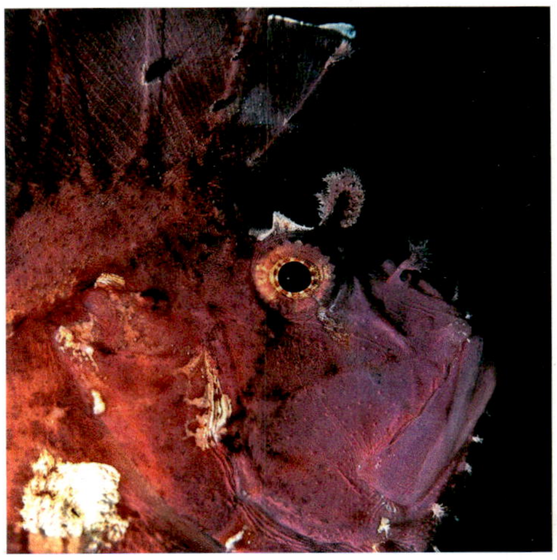

Les feuilles mortes...

Vert, mauve, blanc ou orange, la robe de ces petits poissons-feuilles *Taenianotus triacanthus* a une coloration très variée selon la nature du fond. En plus de leur corps comprimé et de leur allure « feuillue », ils trompent l'ennemi en se faisant passer pour une algue qui ondule avec la houle.

Certains poissons se protègent de leurs ennemis en nageant en banc. Tous les individus sont alors logés à la même enseigne. Il n'y a pas de chef de file et chacun doit tenir compte des autres. La multitude provoque un effet de confusion chez le prédateur qui ne peut sélectionner une proie. Il a devant lui une sorte de gigantesque individu, composé de milliers de poissons aux mouvements parfaitement coordonnés qui s'esquivent devant lui tel un rideau mouvant. Il doit donc attaquer au jugé et souvent sans succès.

Un pour tous

Tel un rouleau compresseur

Les poissons-chats *Plotosus lineatus* sont grégaires. Ils se déplacent près du fond en bancs compacts remarquablement coordonnés à la recherche des petits animaux benthiques qu'ils délogent avec leurs barbillons.

Banc de poissons-hachettes nains

Parapriacanthus ransonneti

Détourner l'attention

Devant un banc de poissons, le prédateur ne peut fixer un individu en particulier, son attention est sans cesse détournée par d'autres poissons qui passent devant son champ visuel.

(1)

Coordonner les mouvements

La ligne latérale située sur le flanc des poissons permet d'enregistrer les micro-variations de pression du milieu environnant. Ce qui entraîne l'extraordinaire synchronisme des mouvements des individus dans un banc.

(2)

En bandes le jour

Les capucins jaunes ((1).*Mulloidichthys vanicolensis*) que l'on rencontre le jour en bancs serrés, se dispersent la nuit pour chasser des petits mollusques ou crustacés qu'ils trouvent sur le fond ((2).*Mulloidichthys flavolineatus*).

Bande de poules d'eau

Les platax *Platax orbicularis*, appelés aussi poules d'eau ou poissons-chauve-souris, fréquentent les passes à proximité des tombants.
Ils s'y aventurent très souvent en bancs plus ou moins serrés.

La mauvaise humeur des grégoires

Les grégoires noirs *Stegastes nigricans* ne vivent jamais très loin de leur colonie d'*Acropora*. Très territoriaux et agressifs, ces petits poissons qui vivent en groupes, n'hésitent pas à attaquer tout individu qui pénètre dans leur territoire, aussi gros soit-il.

Dans l'univers hautement compétitif du récif corallien, de nombreux poissons ont réussi à tisser des relations étroites soit entre individus de même espèce (associations intraspécifiques), soit entre individus d'espèces différentes (associations interspécificiques). S'associer offre aux poissons la possibilité de mieux se défendre face aux prédateurs et d'éviter d'être mangés.

S'associer pour

Tels des piranhas

Les carangues, comme les sérioles *Seriola rivoliana*, sont capables de s'associer pour se défendre contre un prédateur. Elles se jettent alors sur l'intrus et le mordent de toutes parts jusqu'à ce qu'il abandonne. Certains plongeurs en ont fait la désagréable expérience.

L'aveugle et le guetteur

Les gobies appartenant aux genres *Cryptocentrus* ou *Amblyeleotris* sont toujours associés à des crevettes fouisseuses de la famille des *Alpheidae* dont les yeux sont dépigmentés et atrophiés. La crevette creuse le sable tel un bulldozer, pour construire et entretenir un terrier. Le poisson se tient aux aguets à l'entrée et reste en relation avec la crevette qui le caresse de ses antennes. Ce contact la renseigne sur les moindres mouvements de son hôte. En cas de danger, les deux compères se précipitent dans leur terrier, suffisamment spacieux pour deux. Si tout est calme, la crevette continue son travail de déblaiement et le gobie reprend son tour de garde. Cette symbiose entre le poisson et la crevette est obligatoire et les bénéfices sont réciproques.

Associations à haut risque

Dans les associations entre espèces, certains profitent des avantages offerts par un hôte protecteur.

Le mariage de l'anémone et du poisson-clown

Les poissons-clowns *Amphiprion chrysogaster* vivent en permanence dans de grandes anémones de mer. Ils ont développé une immunité totale aux cellules urticantes des tentacules. Pièges mortels pour les autres poissons, celles-ci leur procurent une protection efficace contre la majorité des prédateurs.

se défendre

Sous l'ombrelle de la méduse

De jeunes poissons pélagiques ont trouvé abri et protection sous l'ombrelle et au milieu des tentacules d'une grosse méduse.

Jamais hors de mon corail

Pour passer une bonne nuit tranquille, rien ne vaut une belle colonie corallienne où l'on se sent en sécurité. Ces chirurgiens bleus *Paracanthurus hepatus* rejoignent chaque soir leur couchette préférée et s'installent en groupes entre les branches protectrices de la colonie.

Dans l'antre d'un monstre !

De tout petits poissons, comme ces syngnathes à bandes bleues *Doryrhamphus excisus*, vivent souvent en couple dans l'antre de grosses murènes. Trop petits pour intéresser les murènes, ils bénéficient de la protection de leurs hôtes.

Poissons d'argent

Bon nombre d' espèces qui vivent en bancs ont une livrée argentée qui a la particularité de diffracter la lumière environnante selon l'angle adopté par le poisson.
Le rideau argenté peut alors devenir plus ou moins distinct. Le banc éclate littéralement de mille petits éclats de lumière sur le passage d'un prédateur et se reforme aussitôt dans son dos.

Trajectoire fluctuante

Un banc attaqué par un prédateur se déplace très rapidement, change brusquement de direction ou inverse sa trajectoire pour mieux tromper son attaquant.

Banc de priacanthes ***Priacanthus hamru***

Tel un rideau changeant

Pendant la journée, les poissons-hachettes *Pempheris oualensis* se regroupent dans des grottes, en bancs compacts de plusieurs centaines d'individus. Ils donnent alors l'illusion d'un rideau mouvant et doré.
La nuit, ils s'égayent sur le récif, à la recherche des petits animaux du plancton.

À toute vitesse

Ces poissons-fusiliers *Caesio xanthonota*, au corps fusiforme et coloré, sont infatigables. Ils arpentent le récif à toute vitesse en quête de plancton qu'ils cueillent en pleine eau. Ils tournent, virevoltent, font demi-tour et reviennent, inlassablement.

us pour un

La vie en groupe n’est pas sans inconvénient, car plus le banc est gra
Les risques de dislocation sont importants avec forcément des
isolés, se feront à coup sûr manger.

Les petits chimistes

La peau des poissons-savons produit une toxine (la grammistine) qui leur donne un goût amer. Sortis de l'eau, ces poissons ont la particularité de mousser, comme un savon, d'où leur nom.

Poisson-savon bagnard
Grammistes sexlineatus

Chez les poissons récifaux, les armes de défense sont courantes. Passives la plupart du temps, ces armes peuvent cependant être utilisées pour dissuader un prédateur ou pour chasser une espèce indésirable. Il est rare qu'un poisson affronte directement un prédateur. Comme dans l'ensemble du règne animal, c'est souvent l'ultime moyen mis en œuvre, lorsque toutes les autres techniques de dissuasion sont épuisées.

Des armes

Coupant comme un rasoir

Chez les chirurgiens et les nasons, les épines du pédoncule caudal sont aussi tranchantes que des scalpels. Elles sont simples et rétractables chez les chirurgiens (1) alors qu'elles sont doubles ou multiples et fixes chez les nasons (2). La queue peut alors devenir une arme redoutable et les plaies causées par certaines espèces peuvent s'envenimer.

(1)

(2)

Mourir la gueule ouverte

Les poissons-écureuils ont une grande épine au niveau de la nageoire anale qui les empêche de se faire avaler. Cette dernière étant fixe, il arrive qu'un prédateur un peu trop gourmand meurt avec sa proie coincée au fond de la gorge.

Poisson-écureuil tacheté
Neoniphon sammara

Une cuirasse pomme de pin

Les poissons-pomme de pin *Monocentris japonicus* ont un corps dur et de fortes épines au niveau des nageoires dorsales et ventrales, ce qui leur confère une sorte de cuirasse protectrice.

Des épines venimeuses

Armes défensives pouvant devenir des armes offensives, bon nombre de poissons ont des épines acérées associées parfois à un poison toxique.

Les épines dorsales des poissons-pierres *Synanceia verrucosa* sont reliées à des glandes qui secrètent un venin toxique. Elles infligent des piqûres extrêmement douloureuses, voire mortelles dans certains cas. La douleur est si vive qu'elle peut provoquer une syncope. Il s'en suit souvent des œdèmes avec un risque de nécrose de la plaie.

Ne pas se fier à la petite taille et à la bouille sympathique de ces petites rascasses *Iracundus signifer* dont les épines dorsales liées à des glandes à venin peuvent provoquer des blessures très violentes. Même morts, ces poissons sont à manipuler avec précaution.

redoutables

Pterois miles tient son nom de « poisson l'armé »à La Réunion, aux formidables épines venimeuses qui hérissent chacune de ses nageoires.

Les épines des poissons-chats *Plotosus lineatus* sont particulièrement venimeuses et douloureuses. Une sur la nageoire dorsale et une de chaque coté du corps au niveau des pectorales, ces épines leur permettent de parer le danger de toutes parts. Malheur au pêcheur qui prendra ce petit poisson dans la main.

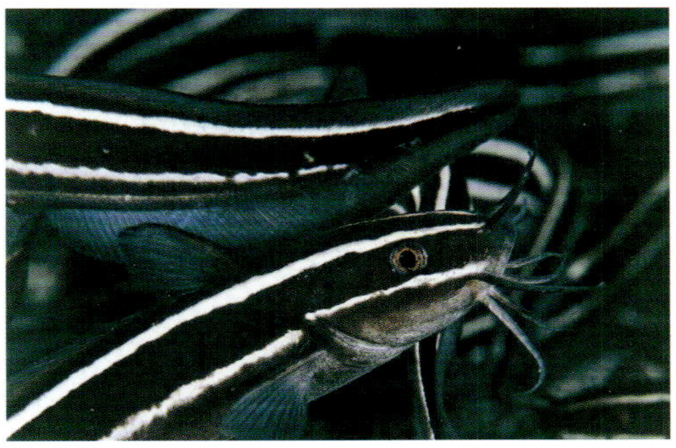

Les épines operculaires des poissons-soldats, et tout particulièrement du marignan sabre *Sargocentron spiniferum*, sont extrêmement redoutables. Très acérées et dotées de glandes à venin, elles infligent de profondes et douloureuses blessures aux intrus.

Lorsqu'elle est dérangée, la raie pastenague à taches bleues *Taeniura lymna* fouette son attaquant avec sa queue armée d'un aiguillon barbelé long de 10 à 15 cm et relié à une glande à venin. Une arme redoutable !

Les picots ou poissons-lapins, comme ce *Siganus sutor*, sont capables d'infliger de graves blessures à cause de leurs épines dorsales redoutables munies de glandes à venin. Non mortelles, ces piqûres peuvent néanmoins entraîner des réactions violentes (douleur, œdèmes...).

Des yeux déguisés

Masque noir sur les yeux du poisson-ange empereur (1) et du poisson-savon (2), lignes noires sur les yeux du poisson-lion (3), lignes convergentes autour des yeux du poisson-pomme de pin (4) et du poisson-coffre (5), la diversité est extrême sur un récif corallien.

Détourner l'attention d'un prédateur vers une partie non vitale du corps, le tromper à tout prix pour disparaître ou encore se faire passer pour ce que l'on n'est pas : les poissons coralliens sont maîtres dans l'art du déguisement.

(1)

(2)

(3)

(4)

(5)

Masques et

Un masque sur les yeux et un faux œil à l'arrière

Un grand nombre de poissons-papillons, comme ce chaetodon cocher *Chaetodon auriga*, possèdent une bande noire qui masque complètement les yeux. Une partie vitale de l'animal est donc soustraite à la vue des prédateurs. Un faux œil situé vers l'arrière du corps complète le déguisement. Celui-ci leur permet d'échapper à un prédateur qui anticipera un mouvement de sa proie vers l'arrière, alors que le poisson prendra sa fuite en sens inverse.

Un vrai clown !

Le baliste clown *Balistoides conspicillum* arbore une robe particulièrement riche en motifs et en couleurs qui fait disparaître les véritables formes de son corps. Le prédateur qui se trouve devant un tel spécimen ne doit plus trop savoir distinguer l'avant de l'arrière, situer la bouche, l'œil ou la queue ?

Une robe psychédélique

Il est impossible de confondre le baliste strié *Balistapus undulatus* avec un autre baliste : sa livrée aux couleurs éclatantes est unique.

Un prédateur berné!

Ce jeune domino noir *Dascyllus trimaculatus* a été sérieusement blessé. Attaqué par son prédateur au niveau de la tache blanche sur le dos, aucune partie vitale n'a été touchée. Le poisson survivra.

Le modèle et le mime

Certains poissons, comestibles pour un prédateur, ressemblent à s'y tromper à une autre espèce immangeable, car toxique ou de mauvais goût. Celle-ci est souvent plus commune, ce qui augmente les chances de survie de l'espèce qui mime. Ainsi le monacanthe à selles noires *Paraluteres prionurus* (1) exploite les propriétés toxiques d'un poisson-globe *Canthigaster valentini* (2). C'est un cas remarquable de mimétisme batésien.

déguisements

(1)

(2)

De sacrés imitateurs !

De nombreux juvéniles de gaterins du genre *Plectorhinchus* se ressemblent beaucoup. Ils ont une coloration vive avec des taches contrastées claires et sombres. Ils nagent en pleine eau avec des mouvements exagérés du corps et de leurs nageoires, affichant ainsi une toxicité potentielle. Se copiant les uns les autres, ils sont à la fois modèles et mimes. Ce type de mimétisme est dit mullerien.

Gaterin oriental
Plectorhinchus orientalis

Diagramme harlequin
Plectorhinchus chaetodonoides

Afficher la couleur

Certains poissons comme les rougets dorés *Parupeneus cyclostomus*, d'ordinaire rouge sombre, présentent parfois une livrée jaune vif, coloris utilisé le plus souvent par des animaux toxiques. Les plus gros poissons semblent alors les éviter.

Myripristis de Berndt
Myripristis berndti

Bluffer, faire croire à l'adversaire que l'on est plus fort que lui, impressionner le plus possible des individus parfois bien plus gros que soi, les poissons récifaux pratiquent la comédie. Il faut se montrer plus imposant, plus agressif ou plus dangereux que l'on ne l'est en réalité. On compte sur l'effet de surprise pour stopper un instant le prédateur dans son attaque. Cette brève hésitation est alors parfois salvatrice et permet à la proie de s'échapper.

Un boucan de tous les diables

Les poissons-anges, les poissons-écureuils et certains balistes, émettent des sortes de grognements. Ces sons, utilisés pour impressionner les intrus ou les prédateurs, servent également de système de communication entre individus de la même espèce, lors de la recherche d'un partenaire par exemple.

Impressionner

Mérou tacheté de blanc
Epinephelus multinotatus

Un vrai coup de tonnerre

En contractant violemment l'ensemble de son corps, un gros mérou peut produire un bruit sourd de déflagration. Comparable à un coup de tonnerre, ce bruit calme la plupart du temps les ardeurs de bien des intrus, y compris l'homme.

Rond comme un ballon !

Le corps des poissons-porc-épic et des poissons-ballons est recouvert d'épines qui se hérissent lorsqu'ils se gonflent d'eau. Peu de prédateurs se risquent alors à avaler un tel individu !

Murène de Bayer
Enchelycore bayeri

Attention je mords !

Les murènes affrontent parfois le danger en ouvrant leur gueule munie de grandes dents acérées. Cela leur a sûrement valu une réputation exagérée de la part des plongeurs qui ont pris cela pour de l'agressivité.

En se gonflant, ce poisson-ballon à lignes brunes *Arothron immaculatus* a momentanément réchappé aux dents d'une murène, qui lui ont fait une vilaine morsure sur le flanc.

Trop gros pour être avalé

Outre l'effet de surprise ménagé par le grondin volant *Dactyloptena orientalis* lorsqu'il déploie ses nageoires pectorales, celles-ci, disproportionnées, rendent également le poisson beaucoup plus volumineux.

et effrayer

Les ailes du diable

Pratiquement invisible en temps normal, la rascasse à filaments *Inimicus filamentosus* montre ses grandes nageoires pectorales colorées lorsqu'elle se sent en danger.

Les faux yeux du jeune poisson-zèbre

Lorsqu'il est juvénile, le poisson-zèbre *Dendochirus zebra* possède au bord de ses nageoires pectorales des taches qui déroutent les prédateurs. Celles-ci vont progressivement s'atténuer lorsque le poisson grandit et devient moins vulnérable.

Un bel éventail

Lorsqu'il est dérangé, le chirurgien voilier *Zebrasoma velifer* étale ses grandes nageoires dorsale et anale qui le rendent deux fois plus imposant.

Vivre sur le récif

Le récif corallien est un ensemble morphologique très complexe qui s'étend des dunes d'arrière-plage jusqu'au pied du tombant récifal.
De nombreuses niches écologiques aux caractéristiques parfois très variées sont ainsi offertes aux organismes qui peuplent ce milieu. Depuis les zones de déferlement sur la barrière, jusqu'aux eaux calmes des bords de plage en passant par les grottes sous-marines ou les arborescences coralliennes, chaque poisson s'établit dans un habitat en fonction de ses besoins et de la place laissée disponible par les autres espèces. Un équilibre dynamique s'instaure alors entre les multiples habitants du récif.

Un géant pacifique

Gueule grande ouverte, la raie manta *Manta birostris* filtre les animaux du plancton, ainsi que les petits poissons qui abondent dans la colonne d'eau autour du récif.

Un survol majestueux

Tel un aéroplane au cockpit caréné, la raie aigle *Aetobatus narinari*, patrouille en solitaire ou en groupe dans les eaux bleues. Pour se nourrir, elle s'aventure régulièrement dans les petits fonds brassés par les vagues, à la recherche de gros mollusques qu'elle broie de ses mâchoires puissantes.

De la surface

Lorsqu'on s'immerge sur un récif corallien, on rencontre tout d'abord les poissons pélagiques, qui nagent en pleine eau. Ils peuvent être en relation avec la structure récifale ou venir du grand large. On trouve ensuite les poissons de fond (ou démersaux) qui sont directement inféodés au récif, puis les poissons benthiques qui, eux, vivent posés ou enterrés dans le sable.

Au cœur du récif

Ces petits anthias bicolores *Pseudanthias evansi* forment de véritables essaims aux approches d'un tombant et égayent le récif.

Un territoire de chasse

Tapie dans son trou, la jolie murène dragon *Enchelycore pardalis* est un habitant typique du récif. Son territoire s'étend sur plusieurs centaines de mètres autour des colonies coralliennes. Elle l'arpente toutes les nuits pour se nourrir et retrouve son abri au petit matin.

La puissance et la beauté

Poisson de pleine eau par excellence, le requin gris ou dagsit *Carcharhinus amblyrhynchos* fréquente les tombants récifaux. Très curieux, il s'approche volontiers des plongeurs. Mais attention ! Il peut devenir dangereux, surtout lorsqu'il nage en groupe.

Un bain de mousse

Les poissons-pavillons *Kuhlia mugil* sont des poissons très étonnants. Ils se tiennent, en bancs importants, sous la surface dans les zones les plus agitées du récif. Agiles et rapides, ils se fondent dans la mousse et l'écume, à la moindre alerte.

jusqu'au fond

(1)

(2)

Des prédateurs de pleine eau

Corps fusiforme argenté qui reflète la lumière, le grand thazard ou thon banane *Acanthocybium solandri* (1), ainsi que le thon à dents de chien *Gymnosarda unicolor* (2), rôdent au-dessus de la pente externe, à la recherche de poissons, leur nourriture favorite.

Des petits dragons

Les pégases *Eurypegasus draconis* vivent souvent en couple sur les fonds sableux calmes et abrités. Ils se nourrissent des petits animaux qu'ils trouvent dans le sédiment.

Vivre dans le sable

Alors que certains s'ébattent en pleine eau, d'autres comme ce petit congre *Conger sp.* vit enterré dans le sable. Seule la tête émerge, pour détecter les petits poissons et les crustacés dont il se nourrit.

Du lagon à la pente externe,

Les poissons se répartissent selon une distribution horizontale en fonction des différents biotopes ou zones géomorphologiques rencontrés sur les récifs coralliens. Les espèces qui fréquentent les eaux calmes et peu profondes des lagons ne se retrouveront pas forcément sur les parties exposées du platier. Mais c'est sur la pente externe, la zone la plus riche du récif, que l'on trouve la plus belle diversité de poissons.

Jeunes chirurgiens
Acanthurus blochii et A. triostegus

Le lagon, une vraie nurserie

Pour bon nombre d'espèces, le lagon est un passage obligatoire pour les nouvelles recrues. Ces jeunes poissons arrivent du large et colonisent ce milieu riche en nourriture, où les grands prédateurs sont rares. Ils y restent ainsi pendant quelques mois pour grandir et s'aventurent ensuite progressivement vers le large pour rejoindre les populations d'adultes.

Des poissons sportifs

Au niveau de la barrière corallienne règnent des conditions extrêmes. Les grosses vagues venues du large se brisent avec fracas sur la dalle récifale générant un brassage, des remous, des tourbillons et des courants énormes et permanents. C'est pourtant dans ce milieu que vivent certains poissons comme la girelle paon *Thalassoma trilobatum* qui se joue des vagues et du relief grâce à son agilité et sa nage puissante.

Un habitat bien choisi

Le capitaine ou bossu tacheté *Lethrinus harak* n'est présent qu'à Maurice et Rodrigues. C'est un poisson caractéristique des zones d'herbiers ou de petits fonds détritiques. Il n'hésite pas à s'aventurer dans les pieds des baigneurs pour y glaner quelques petites proies.

Un vrai potager

L'amorce de la pente externe représente une zone bien caractéristique à éperons et sillons. Riche en algues qui se développent grâce à la lumière et aux apports nutritifs des lagons, c'est une zone de prédilection pour les herbivores comme les chirurgiens clowns *Acanthurus lineatus* qui se rencontrent parfois en petits bancs de plusieurs individus.

Servis sur un plateau

La zone externe des récifs coralliens est directement soumise aux grands courants océaniques. Beaucoup de poissons, comme les papillons pyramide *Hemitaurichthys zoster* profitent alors du plancton transporté par cette masse d'eau en mouvement. Ils se regroupent en bancs très importants et jouissent en permanence de cette manne de nourriture qui leur parvient sans effort.

chacun son habitat

De véritables mégapoles

Il n'est pas rare de trouver sur le récif de volumineuses colonies coralliennes vieilles de plusieurs centaines d'années et pouvant dépasser dix mètres de diamètre. Ces « patates de corail », souvent excavées de toutes parts, sont un haut lieu de rassemblement pour de nombreux poissons qui s'y abritent pendant la journée.

Vivre dans sa tanière

Au pied de la pente externe existent souvent de profondes et sombres cavités dues à l'effondrement d'un bord du récif. Elles sont fréquemment occupées par de gros mérous *Plectropomus laevis* qui trouvent là, un abri idéal.

Des balistes à tous les étages

Les préférences écologiques permettent aux différentes espèces une utilisation maximale des conditions de vie, tout en évitant la concurrence. Ainsi, ces trois balistes appartenant au même genre se répartissent l'espace du récif.

Le baliste picasso *Rhinecanthus aculeatus* vit plutôt sur les fonds sédimentaires des lagons.

Le baliste picasso à bande noire *Rhinecanthus rectangulus* vit plus profondément sur la pente externe ou sur les platiers exposés aux vagues.

Le baliste picasso demi-lune *Rhinecanthus cinereus* se retrouve, quant à lui, au pied de la pente externe à partir de 30 mètres de profondeur.

Jeunes perroquets feuilles mortes
Scarus frenatus au petit matin dans le lagon.

Une période de trêve

L'aube et le crépuscule sont des périodes de transition bien particulières où les espèces diurnes et nocturnes se croisent. Il existe alors une courte trêve, utilisée par les larves et les jeunes poissons lors de leurs migrations sur le récif.

Dès les premières lueurs de l'aube, un nouveau monde se dévoile sur le récif. De toutes parts apparaissent de petites formes furtives, pressées de se dégourdir les nageoires. Petit à petit, l'univers sous-marin retrouve ses couleurs et sa vie luxuriante. Des centaines d'espèces s'affairent alors à la recherche de petites proies, puis paradent et se battent pour se reproduire.

Le récif,

Un mérou loutre *Epinephelus tauvina* se repose sur le fond du récif.

Le coucher des noctambules

Alors que la vie frissonne encore sur le récif qui se réveille, les gros prédateurs de la nuit comme les mérous vont doucement quitter les eaux peu profondes et regagner leurs zones de prédilection au pied des tombants coralliens. La trêve sera alors assurée jusqu'au soir et les petits poissons pourront côtoyer ces monstres sans danger.

S'abriter de la lumière

Durant la journée, la forte lumière tropicale aveugle les poissons nocturnes comme ces poissons-écureuils *Myripristis chryseres* et *berndti* qui se réfugient dans les anfractuosités les plus sombres du récif.

Les insomniaques

Quelques espèces, comme les capitaines, sont aussi bien actifs le jour que la nuit. Dotés d'une vue et d'un odorat particulièrement développés, ils sont capables de se repérer en toutes circonstances. Friands surtout de coquillages et de crustacés qu'ils capturent la nuit dans le sable, ils ne dédaignent pas, durant la journée, poursuivre un petit poisson ou un calmar.

Bossu doré
Lethrinus mashena

Le réveil des poissons-clowns et de leur anémone

Les anémones de mer qui s'étaient recroquevillées durant la nuit, vont déployer leurs tentacules au fur et à mesure de l'apparition des rayons du soleil.
Les petits poissons-clowns qui se lovent parfois jusque dans la bouche de l'anémone pour se mettre à l'abri, vont émerger de leur hôte protecteur et s'aventurer en pleine eau à la recherche de quelques proies.

Poisson-clown mouffette *Amphiprion akallopisos* lové dans son anémone à pied rouge *Heteractis magnifica*

le jour

Hé hop ! Je réapparais !

Dès que les premiers rayons du soleil éclairent le récif, les petits labres surgissent de toutes parts. Ils avaient littéralement disparu à la nuit tombée en s'enterrant sous le sable, à l'abri des regards pour dormir et ainsi échapper aux prédateurs.

Jeune labre décoré
Halichoeres cosmetus

Les poissons matinaux

Les premiers poissons à entrer en action sur le récif sont les herbivores.
Leur système de digestion étant peu performant, ils ont besoin de se nourrir continuellement.
Sitôt réveillés, ils se mettent à manger les algues et les plantes marines qu'ils trouvent en abondance.

Dévoiler ses plus beaux atours

Avec le jour naissant, apparaissent progressivement les couleurs du récif.
Pour communiquer, parader, séduire ou simplement se reconnaître, bon nombre de poissons vont rivaliser de couleurs et de motifs des plus chatoyants.

Labre constellé
Anampses caeruleopunctatus

Poisson-papillon à une tache
Chaetodon unimaculatus

Le cocon des poissons-perroquets

Le soir venu, les poissons-perroquets se trouvent un abri. Afin de ne pas se faire repérer par les prédateurs qui vadrouillent sur le récif, ils fabriquent, autour de leur corps, un cocon de mucus « anti-odeur ».

Lorsque la nuit arrive, alors que la majorité des espèces s'endorment, d'autres vont enfin sortir de leur tanière. Ces poissons noctambules, tous carnivores, vont investir les différents espaces laissés libres par leurs congénères diurnes. La traque et la chasse vont pouvoir commencer, d'autant que les nombreux petits animaux du récif sortent également de leurs cachettes.

Le récif,

Un pyjama pour la nuit

La nuit, de nombreux poissons possèdent une coloration très différente de celle qu'ils portent durant la journée. Généralement terne avec des bandes ou des taches sombres, cette livrée permet à l'individu de se confondre avec le substrat environnant et d'échapper ainsi aux prédateurs nocturnes.

le jour — **Chaetodon à dos noir** *Chaetodon melannotus* — la nuit

le jour — **Fusilier tricolore** *Pterocaesio tile* — la nuit

Un sommeil profond

Pour se reposer, les poissons se posent sur le fond ou se réfugient dans les anfractuosités du récif et entrent dans une sorte de léthargie plus ou moins profonde. Ils sont alors vulnérables car incapables de réagir rapidement à une situation dangereuse.

Un chirurgien gemmé *Zebrasoma gemmatum* en tenue de nuit

Une **murène javanaise** *Gymnothorax javanicus* parcourant le récif, la nuit

Les murènes en maraude
La nuit, les grosses murènes sortent de leur antre. Elles ondulent et arpentent minutieusement le récif à la recherche d'une proie, une langouste, un crabe ou mieux, une pieuvre dont elles raffolent. S'en suivent alors des combats homériques entre deux animaux dotés de forces extraordinaires.

La chasse des requins de récif
La nuit est le moment de prédilection pour les petits requins à ailerons blancs du lagon *Trianodon obesus*. Ils se servent essentiellement de leur odorat pour dénicher leur proies.

la nuit

La quête des planctonophages
Pendant la journée, les petits lutjans *Lutjanus bengalensis* se regroupent sous les surplombs. La nuit, ils vaquent en solitaires sur le récif pour gober le zooplancton qui remonte des profondeurs vers la surface.

Des petits lampions
Alors que certaines colorations peuvent paraître anodines le jour, elles prennent toute leur importance lorsque la lumière décline. C'est le cas de ces petites taches jaunes sur le dos des perches d'or *Gnathodentex aurolineatus* qui permettent à ces poissons de se voir dans la pénombre et de rester en banc.

Les espèces cryptiques
Quelques poissons, comme cette brotule *Brotula multibarbata*, ne sont visibles que la nuit, le reste du temps ils se réfugient profondément dans les anfractuosités du récif.

Et demain, quel avenir pour les poissons coralliens ?

Les mers et les océans sont sans doute l'une des parties de la planète les plus exploitées de notre héritage commun. La pêche des organismes marins est certainement aussi ancienne que l'humanité elle-même et l'exploitation des poissons reste d'ailleurs encore basée sur leur collecte en milieu naturel. L'intensification récente et incontrôlée de la pêche a gravement perturbé l'équilibre de certains milieux et menacé la vie qu'ils abritent.
Les récifs coralliens sont fortement touchés par cette surexploitation. La ressource diminue rapidement alors que les actions anthropiques ne cessent d'augmenter. Il devient maintenant impératif de réfléchir aux différents moyens d'enrayer cette situation et de chercher des solutions de gestion cohérente de ce patrimoine. Parallèlement, il convient de trouver d'autres voies de développement durable pour les populations locales.

L'évaluation de l'état de santé du récif

L'étude du nombre d'espèces de chaque catégorie trophique permet de percevoir l'état de santé d'un milieu. On admet par exemple que dans un récif sain, il y a environ 70 % d'espèces carnivores, 15 à 20 % d'espèces herbivores et 10 à 15 % d'espèces omnivores.

Certains poissons, dits « rustiques », ne sont pas très exigeants quant à la qualité du milieu ou quant à la nourriture disponible. D'autres, en revanche, sont très sensibles à leur environnement et disparaissent rapidement d'un récif qui ne possède pas de bonnes conditions pour leur survie. Une diminution de l'habitat par exemple a un impact véritable sur le succès du recrutement de certaines espèces. De même, une diminution des ressources alimentaires affecte les peuplements de poissons qui ont un régime alimentaire strict.

Les poissons, indicateurs

Un habitat particulier

Parce qu'ils vivent étroitement associés aux colonies coralliennes, les poissons-papillons se rencontrent surtout dans les zones non perturbées du récif.

Poissons-papillons à chevrons
Chaetodon trifascialis broutant les polypes d'un Acropora.

L'impact des corallivores

Contrairement aux apparences, les prélèvements aléatoires et sporadiques des poissons corallivores n'affectent pas les colonies. Au contraire, leur croissance serait plutôt stimulée. Les petites espèces abîment d'ailleurs très peu le squelette de ces madrépores car elles se nourrissent exclusivement de la partie externe du polype.

(1)

(2)

(3)

De bons indicateurs

Le poisson-papillon à trois bandes *Chaetodon trifasciatus* (1), le poisson-papillon de Meyer *Chaetodon meyeri* (2) ou encore le petit poisson-lime à taches oranges *Oxymonacanthus longirostris* (3), sont souvent utilisés par les scientifiques pour caractériser un milieu récifal sain.
Ce sont des corallivores stricts et leur nombre est donc directement lié à l'étendue des surfaces coralliennes et à l'état de santé des coraux.

L'importance des herbivores

Sans herbivores, il n'y aurait pas de récifs coralliens, d'où le danger de surexploiter ces espèces souvent très vulnérables car elles vivent dans des petits fonds facilement accessibles, là où justement se développent les algues.

Quand les algues prolifèrent

Si les herbivores viennent à manquer sur le récif, les algues prolifèrent rapidement et entrent en compétition avec les coraux. Elles occupent l'espace, recouvrent les colonies, cachent la lumière, réduisent la circulation de l'eau et retiennent les matières en suspension. Dotées d'une croissance plus rapide, elles finissent par envahir entièrement le milieu au détriment des autres organismes.

Chirurgiens voiliers *Zebrasoma velifer*

de l'état de santé des récifs

L'implication des grands prédateurs

Outre leur rôle dans l'élimination des individus faibles ou malades, les grands prédateurs participent à l'équilibre des peuplements de poissons. Lorsqu'une espèce prolifère, elle est plus facile à capturer et sera choisie en priorité. Inversement, une espèce plus rare ne fera pas souvent partie du menu. Un juste équilibre est donc maintenu sur le récif par ces poissons qui sont maintenant souvent pris en compte dans les évaluations du milieu.

Requin tigre *Galeocerdo cuvieri*

De sacrés opportunistes

Parce que l'un broute les algues qui poussent sur le récif et que l'autre mange les oursins herbivores, le chirurgien bagnard *Acanthurus triostegus* (1) et le baliste picasso *Rhinecanthus aculeatus* (2) sont des opportunistes des milieux dégradés.

(1)

Les moins délicats

Les muges ou mulets qui se nourrissent de détritus et d'algues filamenteuses, vivent habituellement dans les parties les plus dégradées du récif. Leur présence témoigne souvent de l'existence d'eau douce mais aussi de matière organique en plus ou moins grande quantité.

(2)

Muges à lèvres frangées *Crenimugil crenilabris*

Chasse, pêche

Les récifs coralliens sont l'un des écosystèmes les plus riches de la planète. L'homme a donc de tout temps su profiter de cette manne de nourriture et quasiment toutes les populations vivant en bord de mer pratiquent différentes formes de pêches ancestrales. Il s'agit le plus souvent de techniques artisanales mises en place dans les zones lagonaires. Celles-ci assuraient jusqu'à présent une subsistance aux populations locales sans déséquilibrer véritablement les peuplements de poissons. Mais, petit à petit, elles ont été remplacées par des engins de pêche plus modernes, plus performants, donc plus rentables, mais qui ne tiennent absolument pas compte du renouvellement de la ressource.

La valeur économique d'un poisson

Les sites de plongée fréquentés par des poissons de belle taille attirent davantage les clubs de plongée, assurés d'offrir à leurs clients de belles rencontres.
Un seul mérou génère ainsi par an plus de 250 000 euros.
La vente d'un tel poisson rapporte à celui qui le pêche, quelques dizaines d'euros au maximum. Quel est le meilleur prix pour un poisson corallien ?

La plaisance

La multiplication des loisirs nautiques et l'augmentation des pêcheurs plaisanciers accentue considérablement la pression sur les récifs et les peuplements de poissons.

et surpêche

La chasse sous-marine
La chasse sous-marine nécessite du matériel sophistiqué et coûteux. Elle fait plutôt l'objet d'un loisir récréatif. Il existe même, dans un cadre sportif, des concours de chasse sous-marine organisés par des fédérations ou des associations.

Des espèces ciblées
La chasse sous-marine est un mode de prélèvement très sélectif car le chasseur pêche au cœur même de l'habitat des poissons. Il choisit ses prises, les traque et les débusque : poissons sédentaires comme les mérous, lutjans et autres poissons-soldats. Cela se traduit, sur certains récifs, par la disparition totale de ces espèces cibles, contribuant largement au déséquilibre des peuplements de poissons.

Flagrant délit
Quelques jours après la sortie officielle du décret de création de la réserve naturelle marine, ces deux chasseurs sous-marins, en toute connaissance de cause, tiraient des poissons-chirurgiens dans le lagon de l'Étang-Salé.

Une chasse artisanale
Le harpon est primaire mais les prises bien réelles pour ce jeune chasseur surpris à pêcher dans le lagon, en pleine réserve !

La collecte pour l'aquariophilie
Les poissons coralliens constituent aujourd'hui un marché énorme qui ne fait que s'accroître et qui représente actuellement près de 30 % des poissons d'ornement vendus dans le monde.

Faute de moteur, les pêcheurs mauriciens et rodriguais se déplacent dans le lagon à la voile ou à l'aide d'une longue tige en bois. À La Réunion, la pêche traditionnelle dans les lagons ou sur la pente externe est réglementée. À l'origine pratiquée par un petit nombre de familles, l'accroissement de l'activité a augmenté la pression exercée sur les lagons. Cela se traduit par une diminution de la taille des prises, une diminution de l'abondance et de la diversité des populations des poissons, notamment ceux à forte valeur économique. Tous les signes de surexploitation sont là.

L'exploitation

La pêche traditionnelle

La plupart des pêcheurs locaux utilisent des pièges comme les nasses, mais aussi des filets maillants ou des sennes.
Plus au large, grâce aux barques traditionnelles, la pêche à la ligne est utilisée avec des variantes plus ou moins sophistiquées qui permettent de capturer des poissons de plus grande taille.

La pêche à la ligne dans les lagons

En plus de l'impact sur les populations de poissons, la pêche à pied et à la ligne conduisent par ailleurs à la destruction mécanique des coraux et des zones de nurseries.

Pêcheurs à la ligne dans le lagon de Saint-Leu, par marée basse

Pêcheurs à la ligne au Cap La Houssaye

La pêche à la senne dans le lagon

Pratiquée à partir d'une embarcation à Maurice et à Rodrigues, la pêche à la senne se fait à partir du bord à La Réunion. Autorisée dans les lagons de manière saisonnière pour la capture des capucins nains *Mulloidichthys flavolineatus*, elle n'induit pas de grandes dégradations si elle est pratiquée de façon traditionnelle, par un petit nombre de pêcheurs. Cependant le développement de cette activité induit une pression de pêche trop importante aujourd'hui.

des poissons coralliens

Prises accessoires d'une pêche aux capucins

Une pêche destructrice

Mal contrôlée, la pêche à la senne devient une véritable aberration lorsque faute de prises, les pêcheurs se rabattent sur les jeunes poissons coralliens. Sans s'en rendre compte, ils épuisent ainsi la ressource à la base.

La pêche aux casiers, à Rodrigues et à Maurice

Dès l'aube, les pêcheurs vont déposer leurs casiers dans le lagon, à pied ou en barque. Les casiers sont tressés en bambous ou en roseaux. Bon nombre de ces casiers sont malheureusement abandonnés sur les fonds.

Des réserves marines

La survie des poissons de récifs passe aujourd'hui par la création de parcs marins et de réserves naturelles. À Maurice, deux parcs marins ont été mis en place, Blue-Bay et Balaclava. L'île Plate et le Coin de Mire sont en projet. Le parc marin de Rodrigues s'étend de Mourouk à la Grande Passe et englobe les îles Chat et Plate. À La Réunion, une réserve naturelle des récifs de la côte ouest a été créée en mars 2007.

Un inventaire précis

Les 600 espèces de poissons des récifs coralliens des Mascareignes sont inventoriées par l'Union Internationale de la Conservation de la Nature (UICN) et la Convention sur le Commerce International des Espèces Menacées de la Faune et de la Flore Sauvage (CITES).

Poisson-faucon de Guichenot
Cirrithichthys guichenoti

Compte tenu de la diminution incontestable des ressources et de l'utilisation de plus en plus marquée des zones coralliennes par les loisirs nautiques, les pouvoirs publics commencent à mettre en place des structures de gestion capables de réglementer ces différentes activités. Il devient urgent de valoriser ce patrimoine marin.

La survie des

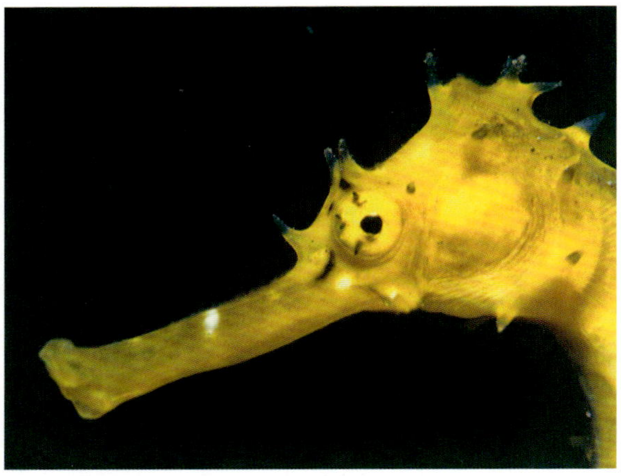

Hippocampes et requin baleine protégés

Si aucun poisson corallien ne fait encore l'objet d'une interdiction de prélèvement, depuis 2004, les hippocampes et le requin baleine font partie de l'annexe II de la convention de Washington, c'est-à-dire que leur commerce est fortement réglementé.

Les gros poissons

Le labre Napoléon *Cheilinus undulatus* dont les populations s'amenuisent d'année en année, vont peut-être enfin figurer sur la liste des espèces protégées.

L'aquaculture

Le cycle de reproduction de quelques espèces de poissons récifaux est aujourd'hui maîtrisé. Il s'agit de l'ombrine *Sciaenops ocellatus*, originaire du Mexique, de la daurade tropicale *Rhabdosargus sarba* qui vient de l'Afrique de l'Est ou du lutjan rouge *Lutjanus argentimaculatus* présent dans tout l'Indo-Pacifique. Bien qu'il existe encore des problèmes inhérents à cette nouvelle activité, la production de poissons par des méthodes aquacoles permettrait de réduire considérablement la pression de pêche sur les récifs.

Poissons d'ornement et aquariophilie

Afin de limiter les prises de poissons d'ornement dans le milieu récifal, quelques expérimentations ont été réalisées avec succès pour maîtriser l'élevage de certaines espèces, comme les hippocampes ou les poissons-clowns.

poissons de récifs

Un label de qualité

En proposant un produit de qualité labellisé, ces élevages destinés à l'aquariophilie remplaceraient les collectes pratiquées actuellement dans le milieu.

Les récifs artificiels

La mise en place provisoire ou permanente de structures d'accueil artificielles seraient peut-être des solutions adoptées pour « forcer » un peu la nature. En augmentant la survie des jeunes poissons en leur proposant des abris adaptés, on pourrait compenser la surexploitation des ressources.

Augmenter la productivité du milieu

Les nouvelles recrues de poissons sont victimes à 90 % de la prédation dans les premiers jours d'installation. En favorisant leur survie, la plus grande partie d'entre elles pourrait arriver à l'âge adulte. Ce qui, d'après certains auteurs augmenterait la productivité du milieu.

Glossaire

Acéré se dit d'un élément tranchant.

Alcyonaire animal marin encore appelé « corail mou ». Il est dépourvu de squelette véritable.

Anémone animal marin mou fixé au substrat, possédant un pied et plusieurs couronnes de tentacules. Il abrite souvent des poissons-clowns.

Anthropique d'origine humaine.

Aquaculture élevage d'animaux aquatiques.

Aquariophilie élevage en aquarium de poissons et plantes d'ornement.

Ascidie animal marin mou de forme cylindrique fixé au substrat, solitaire ou en colonie.

Banc regroupement de poissons. Le plus souvent d'une même espèce.

Barrière corallienne construction produite par les coraux, formant une protection littorale.

Benthique se dit d'un animal aquatique qui vit posé au fond (par opposition à « pélagique » qui vit en pleine eau).

Biotope ensemble d'éléments caractérisant un milieu physico-chimique déterminé et uniforme qui héberge une flore et une faune spécifiques.

Carènes excroissances du corps des poissons nageurs agissant comme de petites quilles stabilisatrices.

Carnivore animal qui se nourrit d'autres animaux.

Cellulose constituant de la paroi des cellules végétales.

Céphalopode mollusque marin portant autour de la tête des tentacules munis de ventouses. Ce sont les calmars, les poulpes ou les seiches

Chaîne alimentaire suite de relations alimentaires entre les organismes d'un même écosystème

Chromatophore cellule pigmentaire située sur la peau permettant à l'animal de changer rapidement de couleur.

Ciguatera intoxication alimentaire due à une micro-algue des récifs coralliens qui entre dans la chaîne alimentaire et se concentre dans les tissus des poissons prédateurs.

Copépode petit crustacé planctonique très abondant dans la masse d'eau.

Corail petit animal des mers chaudes vivant en colonies et dont les squelettes calcaires contribuent à la formation des récifs.

Corallivore qui se nourrit de corail.

Crinoïde petit animal marin à cinq paires de bras, proche des étoiles de mer.

Crustacé arthropode aquatique possédant une carapace. Ce sont les crabes et les crevettes par exemple.

Démersal se dit d'un organisme aquatique qui vit proche du fond.

Détritique qui se compose de débris de roches préexistantes ou de débris de substances animales ou végétales.

Diverticule petite poche en cul-de-sac.

Diurne qui vit le jour (par opposition à « nocturne » qui vit la nuit).

Éponge animal marin primitif fixé sur le fond, encroûtant ou dressé en forme de tubes. Il filtre l'eau pour en retirer sa nourriture.

Fécondation rencontre des gamètes mâles et femelles.

Fusiforme en forme de fuseau.

Gamète cellule sexuelle.

Gangue matière, enfermant, enveloppant un corps, un objet.

Gonade glande sexuelle qui produit les gamètes.

Gorgone petit animal proche des coraux, qui forme souvent des colonies arborescentes en éventail.

Gravide se dit d'une femelle qui porte les œufs ou les embryons.

Guanine élément chimique contenu dans certaines cellules de la peau des poissons leur permettant de faire apparaître instantanément des reflets argentés ou des irisations.

Herbier parterre de plantes sous-marines.

Herbivore animal qui se nourrit de végétaux.

Ichtyologue spécialiste qui étudie les poissons.

Juvénile animal entièrement formé mais pas encore mature sexuellement.

Lagon partie peu profonde et abritée du récif située à l'arrière de la barrière corallienne.

Larve animal en phase de formation qui ne possède pas encore toutes les caractéristiques de son espèce.

Ligne latérale suite de petites cellules sensitives formant une ligne de la tête à la queue sur le corps de la plupart des poissons. Elles permettent notamment de capter les vibrations.

Madrépores nom désignant les coraux durs constructeurs de récifs par opposition aux coraux mous et autres ordres voisins.

Métamorphose succession rapide de transformations permettant à un animal de passer du stade larve au stade juvénile.

Mollusque animal mou portant un pied musculeux et un manteau. Il possède la plupart du temps une coquille. Ce sont les coquillages par exemple.

Monogame qui ne se reproduit qu'avec un seul partenaire et forme un couple stable (par opposition à « polygame » qui a plusieurs partenaires).

Monospécifique une seule espèce (par opposition à « plurispécifique » qui concerne plusieurs espèces).

Nécrose altération d'une partie d'un tissu animal.

Nocturne qui vit la nuit (par opposition à « diurne » qui vit le jour).

Nudibranche petit mollusque marin sans coquille reconnaissable à son panache de branchies externes.

Nurserie zone de rassemblement des juvéniles.

Nycthéméral relatif à la succession du jour et de la nuit.

Œdème gonflement local d'un tissu vivant suite à une blessure.

Omnivore animal qui se nourrit de végétaux et d'autres animaux.

Otolithe petite pièce osseuse située dans l'oreille interne des poissons.

Ovipare qui donne des œufs.

Ovovivipare animal dont les œufs se développent dans le ventre de la mère. Les petits naissent alors tout formés.

Parasite organisme qui vit aux dépens d'un autre et lui porte préjudice.

Patrimoine héritage commun.

Pélagique se dit d'un animal aquatique qui vit en pleine eau (par opposition à « benthique » qui vit posé au fond).

Pente externe partie du récif exposée au large située au devant de la barrière corallienne.

Phanérogame plante à fleur.

Phototropisme déplacement incité par une source lumineuse.

Phytoplancton plancton végétal.

Pigment substance colorée produite par les organismes.

Piscivore animal qui se nourrit essentiellement de poissons.

Plancton ensemble des organismes microscopiques qui dérivent dans la masse d'eau.

Planctonophage animal qui se nourrit essentiellement de plancton.

Platier partie du récif où se brise les vagues. Généralement érodé, il forme une dalle uniforme.

Plurispécifique plusieurs espèces (par opposition à « monopécifique » qui concerne une seule espèce).

Polygame qui se reproduit avec plusieurs partenaires (par opposition à « monogame » qui n'a qu'un seul partenaire).

Polype petit animal mou muni d'une couronne de tentacule et construisant une loge calcaire de protection. Il est a la base des constructions récifales.

Prédation action exercée par les animaux prédateurs.

Proie animal destiné à être mangé.

Protractile qui se projette en avant.

Rétractable qui se contracte et s'insère dans un logement.

Sac vitellin réserves que possèdent les larves pendant les premiers jours de vie.

Substrat qui fait référence au sol ou au fond de la mer.

Symbiose relation étroite et bénéfique qui existe entre deux organismes. Elle a souvent un caractère obligatoire.

Syncope perte de connaissance.

Tentacule partie d'un animal mou en forme de filament servant à la locomotion, la préhension ou l'alimentation.

Territoriale se dit d'une espèce animale défendant fortement son espace vital. C'est une donnée très courante en milieu corallien.

Tombants partie verticale de la formation récifale, souvent orientée vers le large.

Toxique se dit d'une substance nocive pour les organismes.

Tubulaire en forme de tube.

Urticant se dit d'un organisme dont le contact produit une piqûre douloureuse.

Venin produit dangereux (parfois mortel) fabriqué par certains organismes.

Vessie natatoire sorte de poche gazeuse que la plupart des poissons possède dans leur cavité abdominale et qui leur permet de se sustenter dans l'eau.

Vivipare qui donne naissance à des petits entièrement formés et autonomes.

Zooplancton plancton animal.

Index

Iconographie

Les photographies sont d'Alain Diringer, à l'exception de :

Anonyme
p. 81 la chasse dans le lagon

Alain Barrère
p. 40 murène grise
p. 56 la sériole

Patrick Durville
p. 10 le poisson-ange
p. 17 le requin
p. 25 le banc de barbiers
p. 29 les pterygopodes de requin-marteau
p. 30 les larves de poissons
p. 31 le filet à crête
p. 36 la saupe grise
p. 40 myripristis à taches noires
p. 44 banc de barbiers
p. 45 tortue et demi-becs
p. 57 les 3 poissons-clowns dans leur anémone
p. 61 les poissons-fusiliers
p. 73 les poissons-chirurgiens
p. 75 requin *Triaenodon obesus*
p. 78 les poissons-papillons à trois bandes
p. 79 les chirurgiens voiliers
p. 81 la collecte pour l'aquariophilie
p. 83 prises accessoires d'une pêche aux capucins nains et les deux photos de la pêche aux casiers à Rodrigues
p. 85 les photos illustrant les poissons d'ornement et l'aquariophilie

Jean-Noël Fabre
p. 30 les filets à plancton « light-trap »

Karine Pothin
p. 32 otolithes

Jean-Pascal Quod
p. 39 micro-algue *Gambierdiscus toxicus*

Sonia Ribes-Beaudemoulin
p. 11 chirurgien à bandes noires
p. 12 vessie natatoire du mérou longues épines
p. 15 œil du requin marteau
p. 19 turbot tropical dans son milieu
p. 21 les rougets à lignes blanches, le labre à taches d'encre et le poisson-ballon à taches noires de couleur bleue
p. 24 les blennies à rides et le labre oiseau mâle et femelle
p. 26 demoiselles à trois bandes noires et grégoire noir en robe de frai
p. 27 labre nébuleux
p. 29 bébé requin marteau et syngnathe à réseaux
p. 37 l'idole des maures et le baliste picasso
p. 38 la blennie à lignes bleues, les chirurgiens bruns et les chirurgiens bagnards
p. 39 les petits perroquets brûlés
p. 40 le canthigaster d'Amboine et le gobie à œil barré
p. 45 le labre zig zag
p. 46 la crevette nettoyeuse *Stenopus hispidus* et le labre nettoyeur sollicitant un petit labre
p. 47 le labre maori
p. 50 les murènes tachetées et les demoiselles bleues dans la colonie d'Acropora
p. 54 le grégoire noir
p. 64 le poisson-ballon à lignes brunes
p. 70 la vue aérienne du lagon et les jeunes chirurgiens
p. 71 la grande colonie corallienne
p. 75 les perches d'or
p. 78 le récif et les poissons-papillons à chevrons
p. 79 les algues qui prolifèrent, les chirurgiens bagnards et le baliste picasso
p. 80 la vue aérienne du port de Saint-Gilles, le marché aux poissons à Maurice et les poissons pêchés à Rodrigues
p. 82 les 3 barques à Rodrigues et à Maurice et la pêche dans le lagon
p. 83 la pêche à la senne, le capucin nain et les casiers sortis de l'eau à Rodrigues
p. 84 la réserve marine

Cet ouvrage a été réalisé avec le concours financier de la Direction régionale des affaires culturelles.
Conception graphique et mise en page : atelier crayon noir, Noémie Rosette-Pein
Achevé d'imprimé : 3ème trimestre 2007
Dépôt légal n°3072
Graphica, Saint-André, île de La Réunion
Pour Océan Éditions
ISBN : 978 2916 533 315

www.ocean-editions.fr